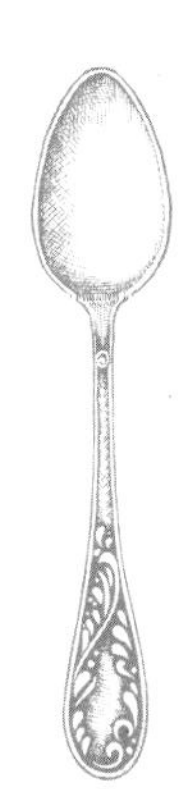

My
first
spoon

My First Spoon

우리 아이가 처음 만나는 세상의 맛

Dear my ____________________

Date ____________________

minolta
7s

아이와 엄마의 이야기를 담은 세상에 하나뿐인 책이 되었으면 합니다

Prologue

할머니의 레시피로 엄마가 만드는 이유식

아마 저희 둘의 긴 시작은 딸이 태어나서 돌이 된 딸아이가 기쁜 음악을 들으면서 웃고 슬픈 음악을 들으면서 울던, 음악에 반응하던 기억부터인 것 같습니다. 그냥 막연하게 음악을 시켜야 하나 했고 원래 저의 전공이기도 했던 피아노를 만 세 살부터 시키면서 매일 8~10시간이 넘는 연습량을 같이하며 미국 유학까시. 시나고 보니 제 나이 38살에 같이 뉴욕으로 들어가서 54살에 16년이라는 긴 유학 생활을 마치고 돌아왔습니다.

우리 둘의 노력으로 다행히 딸아이는 최고의 학교를 수석으로 입학 졸업했고, 대학교 졸업 전 결혼으로 학업과 육아를 같이하게 되면서 전 20여 년 동안 잊어버리고 있었던 이유식을 손자들을 위해서 만들게 되었습니다. 가공된 이유식밖에 없었던 그때, 언제나 아이들에게 최고의 좋은 것만을 주고 싶었던 저는 손자들이 맛있게 잘 먹을 수 있게 또 딸이 만들기 쉽게 많은 시행착오를 겪으며 이유식을 만들었습니다. 그렇게 다섯 명의 예쁜 손자와 딸을 위하는 마음으로 얌이밀의 비밀 레시피는 만들어지기 시작된 것 같습니다.

Contents

Three spoon

중기 이유식 2단계
(생후 만 8~10개월): 죽

Four spoon

후기 이유식 3단계
(생후 만 11~14개월): 무른밥

Five spoon

간식(퓌레)

Before Cooking

준비하기

시기별 이유식 특징 (횟수, 섭취량, 재료 형태)

- 이유식의 횟수와 섭취량 등은 아이마다 개인차가 있을 수 있으니, 아래의 표를 참고하되 꼭 아이에게 맞추어 주세요.
- 이유식은 어른처럼 밥을 먹기 전의 연습 단계로 시기별로 입자 크기(재료 형태)를 달리해서 먹는 습관을 길러 주어야 해요. 아이에 따라 이 나는 시기와 씹을 수 있는 입자 크기가 다를 수 있으므로, 아이의 발달 상황에 맞추어 조절해 주세요.

구분		시기			
		1단계(초기) **만 4~6개월**	**1.5단계** **만 7개월**	**2단계(중기)** **만 8~10개월**	**3단계(후기)** **만 11~14개월**
이유식 횟수(1일)		1회	1~2회(간식 1회)	2회(간식 1회)	3회(간식 1~2회)
이유식 섭취량(1회)		30~80g	50~100g	60~120g	100~180g
수유(모유/분유) 총량(1일)		800~1,000ml	800~1,000ml	700~800ml	500~700ml
재료 형태	**곡류** (쌀, 찹쌀, 흑미 등)	모든 재료를 믹서에 갈아서 묽은 수프 형태	재료는 곱게 다지고, 쌀은 믹서로 갈아서 덩어리가 조금 있는 걸쭉한 죽 형태	쌀은 믹서로 갈지 않아 밥알 모양이 보이고, 이로 으깰 수 있는 죽 형태	밥알은 살아있고 묽기가 많은 진밥 형태
	잎채소류 (비타민, 시금치, 양배추 등)	잎 부분만 데쳐서 믹서에 갈고, 체에 걸러서 알갱이가 없는 고운 수프 형태	잎 부분만 데쳐서 0.1~0.2cm 정도의 아주 작은 알갱이로 곱게 다진 형태	잎 부분만 데쳐서 0.3cm 정도의 작은 알갱이로 다진 형태	상황에 따라 잎, 줄기 부분을 데쳐서 0.5cm 정도의 알갱이로 다진 형태
	덩어리 채소류 (단호박, 고구마, 감자 등)	껍질을 벗겨 익히고, 믹서에 갈아서 체에 거른 수프 형태	껍질을 벗겨 익히고, 0.1~0.2cm 정도의 아주 작은 알갱이로 곱게 다진 형태	껍질을 벗겨 익히고, 0.3cm 정도의 작은 알갱이로 곱게 다진 형태	껍질을 벗겨 익히고, 0.5cm 정도의 알갱이로 다진 형태
	육류 (소고기, 닭고기 등)	핏물을 빼고 삶아, 믹서에 갈아 체에 거른 액상 형태	핏물을 빼고 삶아, 0.1~0.2cm 정도의 아주 작은 알갱이로 곱게 다진 형태	핏물을 빼고 삶아, 0.3cm 정도로 다져 살짝 씹힐 수 있는 다진 형태	핏물을 빼고 삶아, 0.5cm 정도로 다져 이로 씹을 수 있는 다진 형태

시기별 섭취 가능한 이유식 재료

- 새로운 재료에 아이가 민감함을 보이는 시기이므로 알레르기 반응을 확인하기 위해서 재료를 한 가지씩 추가해 주세요.
- 개월 수에 맞지 않는 재료를 섭취할 시 아이가 알레르기 반응을 일으킬 수 있는 위험이 있으니 시기별 맞는 재료를 선택하여 이유식을 만드는 것이 안전해요.
- '△' 표시의 재료는 아이의 알레르기 반응을 살펴가며 주의를 기울여 먹이세요.
- 보리, 옥수수는 알레르기가 있는 경우 12개월 이후에 먹이세요.
- 시금치, 당근, 배추, 비트는 6개월 이후에 먹이세요.
- 연근, 우엉과 같이 익혀도 단단한 채소는 완료기 이전까지 익힌 후에 갈아서 사용해 주세요.
- 딸기, 복숭아, 토마토는 알레르기가 있으면 24개월 이후에 먹이세요.
- 꿀은 24개월 이후에 먹이세요.

재료		시기			
		초기 (만 4~6개월)	중기 (만 7~10개월)	후기 (만 11~12개월)	완료기 (만 13개월 이상)
곡물, 콩류	쌀	○	○	○	○
	찹쌀	○	○	○	○
	완두콩	○	○	○	○
	오트밀(귀리)	○	○	○	○
	보리	×	○	○	○
	서리태	×	○	○	○
	검은깨	×	○	○	○
	렌틸콩	×	○	○	○
	참깨, 들깨	×	○	○	○
	차조, 기장, 수수	×	○	○	○
	두부	×	○	○	○
	연두부	×	○	○	○
	옥수수	×	○	○	○
	현미	×	△	○	○
	흑미	×	△	○	○
	참기름, 들기름	×	△	○	○
	녹두	×	×	○	○
	퀴노아	×	×	○	○
	떡	×	×	○	○

재료		시기			
		초기 (만 4~6개월)	중기 (만 7~10개월)	후기 (만 11~12개월)	완료기 (만 13개월 이상)
곡물, 콩류	면	×	×	○	○
	당면	×	×	○	○
	파스타	×	×	○	○
	팥	×	×	×	○
고기류	소고기	○	○	○	○
	닭고기	○	○	○	○
	돼지고기	×	×	×	○
생선, 해산물	대구살(흰살생선)	×	○	○	○
	다시마	×	○	○	○
	가자미	×	△	○	○
	미역	×	△	○	○
	김	×	△	○	○
	연어	×	×	△	○
	멸치	×	×	△	○
	전복	×	×	△	○
	오징어	×	×	△	○
	새우	×	×	△	○
	게	×	×	△	○
	조개류	×	×	△	○
	고등어, 삼치	×	×	×	○
채소	청경채	○	○	○	○
	양배추	○	○	○	○
	비타민	○	○	○	○
	브로콜리	○	○	○	○
	콜리플라워	○	○	○	○
	단호박	○	○	○	○
	감자	○	○	○	○
	고구마	○	○	○	○
	무	○	○	○	○

재료		시기			
		초기 (만 4~6개월)	중기 (만 7~10개월)	후기 (만 11~12개월)	완료기 (만 13개월 이상)
채소	애호박	○	○	○	○
	오이	○	○	○	○
	시금치	×	○	○	○
	근대	×	○	○	○
	적채	×	○	○	○
	배추	×	○	○	○
	아욱	×	○	○	○
	당근	×	○	○	○
	양파	×	○	○	○
	비트	×	○	○	○
	콜라비	×	○	○	○
	콩나물	×	○	○	○
	숙주	×	○	○	○
	가지	×	○	○	○
	연근	×	△	○	○
	우엉	×	△	○	○
	셀러리	×	×	○	○
	파프리카	×	×	○	○
	아스파라거스	×	×	○	○
	부추	×	×	○	○
	파	×	×	×	○
	마늘	×	×	×	○
	토마토	×	×	×	△
버섯	표고버섯	×	○	○	○
	양송이버섯	×	○	○	○
	새송이버섯	×	○	○	○
	팽이버섯	×	○	○	○
	느타리버섯	×	○	○	○
과일	사과	○	○	○	○

재료		시기			
		초기 (만 4~6개월)	중기 (만 7~10개월)	후기 (만 11~12개월)	완료기 (만 13개월 이상)
과일	배	○	○	○	○
	바나나	○	○	○	○
	자두	○	○	○	○
	수박	○	○	○	○
	아보카도	△	○	○	○
	블루베리	×	○	○	○
	멜론	×	△	○	○
	망고	×	×	○	○
	딸기	×	×	△	○
	참외	×	×	△	○
	포도	×	×	△	○
	키위	×	×	△	○
	파인애플	×	×	△	○
	귤, 오렌지	×	×	△	○
	감	×	×	×	○
	복숭아	×	×	×	○
유제품	요거트	○	○	○	○
	치즈	×	○	○	○
	달걀노른자	×	○	○	○
	생우유	×	×	×	○
	달걀흰자	×	×	×	○
	버터	×	×	×	○
	생크림	×	×	×	○
	크림치즈	×	×	×	○
견과류	밤	×	△	○	○
	잣	×	×	△	○
	땅콩	×	×	×	○
	호두	×	×	×	○
기타	꿀	×	×	×	△

2 TSP / 10 ML

이유식 조리도구

이유식 만들기의 시작은 조리도구들을 갖추는 거예요.
집에 있는 조리도구들과 분리해 이유식 전용 도구를 따로 사용해 주세요.
구입하기 전에 꼭 필요한 것들 위주로 잘 선택해서 이것저것 쓸데없이
사거나 쓰지도 않은 채 버려지는 일들을 막아 봐요.

칼과 도마 이유식용 칼과 도마는 따로 준비하세요. 칼은 육류용, 채소·과일용으로 따로 분류해서 2~3개 정도가 필요해요. 도마는 적당한 크기에 삶아서 소독할 수 있는 실리콘 소재를 추천해요. 채소, 과일, 육류, 어류로 분류해서 사용해야 하므로 최소 3~4개 정도가 필요해요. 세균 번식의 위험을 막기 위해 천연 세제와 뜨거운 물로 소독해 주면 좋아요.

(미니) 믹서 쌀을 갈 때, 이유식 재료를 곱게 갈아줄 때 등 없어서는 안 될 도구에요. 특히 초기 단계에 재료를 곱게 갈아야 할 때 아주 유용하게 쓰여요. 미니 믹서가 쓰기 좋아요.

절구 재료의 굵기 조절이 원활하지 않을 때 믹서 대신 절구를 사용하면 좋아요. 꼭 필요한 물건은 아니지만 으깨거나 덩어리 크기를 조절할 때 도움을 준답니다.

채소 다지기 재료를 작은 크기로 다져야 하는 이유식 만들기에 없어서는 안 되는 도구에요. 칼로 일일이 다지는 번거로움을 대신해 주어요.

냄비 최소 4종류의 냄비를 준비하세요. 육수와 흰죽 베이스를 끓일 수 있는 넉넉한 크기의 냄비와 한 끼 이유식을 만들고 데울 수 있는 작은 크기의 냄비, 그리고 조리 중 채소와 육수를 데치고 끓이는 용도의 냄비가 각각 필요해요.

실리콘 주걱 스테인리스 재질의 실리콘 헤드 스파출라나 전체가 실리콘 재질로 된 것이 열에 강해서 안전해요.

체 채소를 데치고, 고운 가루를 걸러내고, 재료들의 식감을 더욱 부드럽게 만들어 줄 때 사용해요. 손잡이가 길고 튼튼한 제품이 좋아요.

전자저울 이유식 초기에는 적은 양의 재료는 눈대중으로 가늠하지 못하는 경우가 많아 정확성을 위해, 또는 아이의 먹는 양의 변화를 파악하기 위해서 전자저울을 사용하면 편리해요.

계량스푼과 계량컵 재료의 부피를 잴 때 계량스푼과 계량컵이 필요해요. 적은 양을 정확하게 계량할 때 유용하죠. 단계별로 처음 계량을 맞추어 놓으면 후반부에는 거의 필요로 하지 않게 됩니다.

이유식 숟가락 아이의 입에 쏙 들어가도록 처음에는 작은 크기로 시작해서 점점 큰 숟가락을 준비해 주세요. 이가 날 즈음이면 세게 물 수가 있어 부드럽고 소독이 가능한 실리콘 소재의 숟가락이 안전해요. 단계별로 나누어진 숟가락도 있으며, 열 온도에 따라 색이 변하는 숟가락도 시중에 나와 있어요.

실리콘 소재 아이스 큐브 고기나 채소를 다져 작게 소분하여 얼릴 때 필요해요. 큐브 모양으로 얼려 지퍼백에 담아 보관하기도 해요.

이유식 보관 용기 밀폐된 용기를 사용하고, 가능한 한 한 끼 분량을 넣어 보관할 수 있는 작은 용기를 활용해 주세요.

보온 · 보냉 용기, 보냉백 외출 혹은 여행 시에는 작은 크기의 보온 · 보냉 용기에 이유식을 담아 보냉백에 넣어 움직여야 해요. 휴대가 편리하고 무엇보다 음식이 상하지 않아요.

식기 보관함 아이용 식기와 어른용 식기는 따로 분류해서 보관해 주세요. 간이 들어간 음식을 담는 어른용 식기와 조리도구들이 이유식 조리도구들과 섞여서 찾아야 하는 번거로움을 없애고, 위생적으로도 필요해요.

이유식 재료 손질법과 보관법

쌀

손질하기 미음은 쌀과 찹쌀을 8:2 비율로 하여 하루 전날 물에 불려둔 후 입자가 보이지 않게 믹서에 곱게 갈아 주세요. 죽과 무른밥은 하루 전날 물에 불려둔 쌀을 단계에 따라 입자 크기를 조절해서 믹서에 갈아 주세요.
보관하기 미음은 조리되지 않은 가루 형태로 소분해서 냉동 보관하고, 1.5단계부터는 흰죽 베이스를 소분하여 얼려 주세요.

Tip 1. 미음은 이유식용으로 준비한 친환경 또는 기능성 쌀과 찹쌀을 8:2 비율로 섞어서 (떡집이나 방앗간에서) 가루로 빻아 주세요.
2. 미음은 시중에 파는 쌀가루와 찹쌀가루를 8:2 비율로 섞어서 사용해도 됩니다.

소고기

손질하기 이유식에는 기름기가 적은 안심살이나 우둔살을 사용해요. 찬물에 30분간 담가 핏물을 제거한 다음, 후루룩 끓여서 핏물과 잔여물을 체에 밭쳐 씻어 내요. 그다음 육수에 넣어 익혀준 후 단계별 고기 입자 크기에 맞추어 다져 주세요.
보관하기 소고기는 익힌 것을 1회분씩 소분하여 얼려 주세요.

닭고기

손질하기 이유식에는 기름기가 없고 부드러운 닭안심살이나 닭가슴살을 사용해요. 모유나 분유에 약 20~30분간 재운 후 물로 씻어내 잡내를 제거하고 후루룩 끓여서 핏물과 잔여물을 체에 밭쳐 씻어낸 다음, 육수에 넣어 익혀준 후 단계별 고기 입자 크기에 맞추어 다져 주세요. 닭고기에는 식중독을 일으킬 수 있는 캄필로박터균이 있으므로 조리 시 손, 식기, 싱크대 등을 꼭 깨끗하게 소독하고 칼과 도마도 따로 사용해 주세요.
보관하기 닭고기는 익힌 것을 1회분씩 소분하여 얼려 주세요.

감자

손질하기 단단하여 조리 시간이 오래 걸리는 감자는 갈아서 쌀과 찹쌀로 죽을 만들 때에 같이 넣어 주면 식감이 더욱 부드러워져요. 감자는 비타민C와 칼륨, 섬유질 등이 풍부해 위에 부담이 적고, 조리 후에도 쉽게 파괴되지 않는 비타민을 많이 함유하고 있어 소화와 건강에도 도움을 줍니다.

양파

손질하기 단맛과 감칠맛을 내는 양파는 초기 이유식에는 사용하지 않고, 감자와 같이 흰죽을 쑬 때 갈아 넣어서 죽과 무른밥의 기본 베이스로 사용해요.

브로콜리

손질하기 브로콜리는 단단한 대는 사용하지 않고 꽃송이 부분만 잘라 내어 깨끗이 씻은 후 잘게 다지거나 믹서로 간 다음, 체에 밭쳐 살짝 데쳐서 조리 마지막 단계에 넣어 주세요.
보관하기 브로콜리는 익히지 않고 갈거나 다진 것을 아이스 큐브에 소분하여 얼려 주세요.

Tip 브로콜리는 생채소로 사용하면 떫은맛과 비린 맛이 이유식 전체에 들 수 있어요. 하지만 데치면 영양 성분이 농축되고 흡수율이 높아지니 꼭 따로 데쳐서 익힌 상태의 브로콜리를 사용해 주세요.

무

손질하기 무는 깨끗한 물에 씻어 껍질을 벗긴 후 강판이나 믹서에 곱게 간 다음, 체에 끓는 물을 한 번 부어 주어 살짝 아린 맛을 제거한 후 바로 사용해 주세요.
보관하기 무는 갈아서 익히지 않은 것을 아이스 큐브에 소분하여 얼려 주세요.

푸른 잎 채소

손질하기 초록색 잎채소인 청경채, 비타민, 시금치 등은 열을 많이 가할수록 영양분 손실이 큰 채소들이에요. 따라서 잘게 다진 후, 체에 밭쳐 살짝 끓는 물에 데쳐서 이유식 조리 마지막 단계에 넣어 짧은 시간 조리해야 해요. 이유식 초기에는 줄기, 뿌리 부분을 제외한 잎 부분만 사용하고, 후기에는 아이의 이 상태를 확인하여 줄기 부분을 일부 첨가해 주세요.
보관하기 초록색 잎채소는 깨끗이 씻어 다지거나 갈아 놓은 것을 아이스 큐브에 소분하여 얼려 주세요.

Tip 시금치, 배추는 수확 후 시간이 지날수록 아이들이 빈혈을 일으킬 수 있는 질산염 성분이 늘어나므로 초기 이유식에는 피해 주세요.

말린 표고버섯

손질하기 표고버섯은 햇빛에 말릴수록 비타민D 함량이 높아지고 성장기 아이들에게 도움이 되어 말린 것이 좋아요. 말린 표고버섯은 미지근한 물에 약 30분에서 1시간 정도 불린 뒤 한 번 헹구고, 채소 다지기 또는 칼로 다져 주세요. 그다음 소고기 육수를 넣고 국물이 없어질 때까지 조려 주세요.
보관하기 조려 놓은 표고버섯은 아이스 큐브에 소분하여 얼려 주세요.

우엉과 연근 **손질하기** 익혀도 단단한 우엉과 연근 등은 껍질을 벗긴 후 적당 크기로 썰어서 끓는 물에 찌거나 삶은 다음, 믹서에 곱게 갈아내 체에 걸러 주세요.
보관하기 우엉과 연근은 익혀서 갈아 놓은 것을 아이스 큐브에 소분하여 얼려 주세요.

당근 **손질하기** 초기 이유식에 쓰지 않는 당근은 껍질을 벗긴 후 잘게 갈거나 다져, 육수를 넣고 살짝 익혀서 따로 준비해 주세요.
보관하기 당근은 살짝 익혀서 아이스 큐브에 소분하여 얼려 주세요.

Tip 당근, 비트는 수확 후 시간이 지날수록 아이들이 빈혈을 일으킬 수 있는 질산염 성분이 늘어나므로 초기 이유식에는 피해 주세요.

단호박과 고구마 **손질하기** 껍질을 벗긴 후 다져서 끓는 물에 데쳐 주세요. 조리 시 고기와 버섯 다음 단계에 넣어 주세요.
보관하기 익히지 않은 것을 다져 아이스 큐브에 소분하여 얼려 주세요.

대구살 **손질하기** 대구살은 깨끗이 씻은 후 삶거나 찐 다음, 칼로 다지고 가시를 제거해 주세요.
보관하기 익히지 않은 대구살을 1회 분량으로 토막 내 얼려 주세요.

오징어와 새우 **손질하기** 흐르는 물에 깨끗이 씻은 후 믹서로 갈고, 체에 밭친 후 뜨거운 물을 한 번 부어 주세요.
보관하기 믹서로 간 것을 아이스 큐브에 넣어 얼려 주세요.

[Plus Recipe]

냉동 보관 시 주의사항

최대 5~6일간 냉동 보관하며, 초록 잎채소는 최대 3일을 넘기지 않도록 주의하세요. 냉동 보관한 재료는 이유식 만들기 직전에 끓는 물에 데쳐 살균한 후 사용하세요. 한 번 해동한 재료는 미생물 번식의 위험이 있으므로 다시 얼리거나 사용하지 마세요.

이유식 만드는 순서(시크릿 레서피)

흰죽 베이스 → 고기 → 밤색(보라색) 등 짙은 색 재료 → 흰색 재료(고구마, 버섯 등) → 주황색 재료(당근, 파프리카 등) → 초록색 재료(청경채, 비타민 등)

이유식 궁금증

Q. 이유식은 언제부터 시작해야 하나요?

A. 생후 만 5~6개월 무렵의 아이들은 엄마 배 속에서부터 가지고 있던 단백질, 비타민, 무기질 등이 부족해지기 시작해요. 그래서 보통 생후 만 4~6개월 사이에 이유식을 시작하고, 모유를 먹는 아이는 분유를 먹는 아이보다는 조금 더 늦게 시작해도 됩니다.

Q. 이유식 간은 언제부터 시작하나요?

A. 일반적으로 만 13개월 미만 아이들의 이유식에는 간을 하는 게 좋지 않아요. 아이마다 차이가 있으나, 만 12~13개월이 넘어가면서 잘 먹던 이유식을 거부하기 시작한다면 그쯤부터 조금씩 간을 가미하는 것을 염두에 두는 게 좋아요. 이유식을 거부하지 않는다면 계속해서 간을 추가하지 않고 먹여도 됩니다. 초기에 간을 추가할 때는 소금보다 참기름이나 아이용 저염식 간장을 활용해 주세요.

Q. 이유식을 안 먹어요, 어떻게 해야 좋을까요?

A. 여러 가지 이유가 있을 수 있어요. 아이가 싫어하는 향이나 맛을 포함하고 있는 이유식을 주는 경우, 이유식 맛이 아이 입맛에 맞지 않는 경우, 아이의 컨디션이 안 좋은 경우 등 다양해요. 특정 향이나 맛의 재료를 넣었다 뺐다 하면서 맛을 조절해 주거나, 비율을 조절하여 향을 줄여 주는 것도 한 방법이에요. 한편 재료 선택 시 아이의 영양을 위해 건강한 재료들만 사용한다면 자칫 맛이 없는 이유식이 될 수 있어요. 건강한 재료는 한 가지 정도 선택하고 다채로운 재료를 넣어 아이가 다양한 맛을 음미하며 식사시간의 즐거움을 알 수 있도록 해야 해요. 아이들의 컨디션이 좋은 오전 9~10시경에 이유식을 시도해 보는 것도 좋아요.

Q. 모유(분유)만 먹고 이유식은 안 먹으려고 해요.

A. 시간대를 잘 조절하여 이유식 시간을 늘려야 해요. 모유나 분유를 먹기 전, 배가 고파 울기 전에 이유식을 먼저 준 후 1~2시간이 지난 뒤에 모유나 분유를 주도록 하세요.

Q. 과자는 언제부터 먹이나요?

A. 이유식을 시작하고 곡류에 대한 알레르기 반응을 확인하여 거부 반응이 없다면 이유식을 시작하면서 같이 먹여도 괜찮아요. 그러나 최대한 늦게 먹이는 것을 권장해요.

Q. 변에 재료가 그대로 나와요.

A. 변에 나온 재료들이 아이에게 흡수가 되었는지 걱정하는 엄마들이 많아요. 재료를 좀 더 잔 알갱이로 만들어 흡수를 도와주세요.

Q. 어떤 과일을 언제 먹이는 게 가장 좋을까요?

A. 이유식을 먹이는 시기인 만 4~6개월부터 사과와 배, 바나나는 먼저 익혀서 퓌레 형태로 만들어서 주는 게 아이들의 위에 부담을 주지 않고 많은 양을 먹일 수 있답니다. 시기별로 먹을 수 있는 과일은 해당 표(20쪽)를 참조해 주세요.

Q. 아이가 변을 잘 못 보는 것 같아요.

A. 재료에 섬유질이 많은 고구마, 양배추, 배추, 미역, 단호박 등을 좀 더 넣어서 이유식을 만들어 주고, 사과나 배 같은 과일을 많이 섭취하게 하여 변 활동을 도와주세요.

Q. 아이가 설사를 해요.

A. 설사 예방에 도움을 주는 밤이나 연근을 추가하여 이유식을 만들어 주고, 탈수 증상이 나타날 수 있으므로 물을 많이 마시게 하세요. 달거나 시고, 기름기가 많은 음식이나 과일류는 먹이지 말아 주세요.

Q. 알레르기가 생긴 것 같은데, 지금 생긴 알레르기는 계속되나요?

A. 아이들은 컨디션에 따라 알레르기 반응이 나타나기도 해요. 즉 컨디션이 바뀌면 알레르기 반응이 사라질 수 있어요. 아이의 상태를 살피면서 1~2달 간격으로 해당 재료를 다시 시도해 보세요. 평생 아이가 먹지 못할 재료라 생각하지 말고, 시간 차와 상태를 보고 계속 시도해 보도록 하세요.

Q. 고기는 얼마나 먹여야 하나요?

A. 철분 보충을 위해서 적정량의 고기를 섭취해야 하는데, 하루 기준으로 초기에는 5~10g, 중기에는 15~20g, 후기에는 30~50g 정도 주는 게 좋아요.

Profile

●

__________의 첫 순간

photo

이름	(한자) (영문)
성별	
생일	
띠	
키	
몸무게	
혈액형	
태몽	
전하는 말	

One spoon

초기 이유식 1단계(생후 만 4~6개월): 미음

이유식 처음 시작 단계로 분유와 모유 이외의 새로운 재료들을 먹이는 시기입니다. 이유식의 베이스가 되는 쌀로 미음을 만드는 것에서 시작하는데, 부드럽게 줄줄 흘러내리지 않을 정도의 물기(10배죽)가 좋습니다. 미음은 한 달에서 두 달 정도 먹이도록 하세요.

쌀미음을 시작으로 이후 재료를 하나씩 섞어주면 됩니다(하나미음). 하나미음당 첫날은 알레르기 반응을 살피고, 이틀씩 2주에서 길게는 3주 정도 먹이도록 하세요. 하나씩 먹이면서 아이의 알레르기 반응을 반드시 체크하고, 재료가 바뀌는 때에는 한꺼번에 많이 먹이지 말고 몇 숟가락씩 먹이면서 반응을 살피며 양을 차차 늘려주세요. 한편 알레르기는 같은 재료라도 아이의 몸 상태에 따라서 반응이 달라지므로, 아이의 상태를 살피며 1~2달 간격을 주어 계속 시도해 보는 것이 좋아요.

3주째쯤에는 소고기미음을 시작해도 좋습니다. 소화를 돕는 양배추, 배, 무 등을 섞어서 이틀 정도 먹인 후 하루는 2가지 채소나 과일을 넣어 만든 미음, 그다음 이틀은 고기와 채소 또는 과일을 넣어 만든 미음을 번갈아 주세요.

[초기 이유식 1단계 추천 식단]

1주차	1일	2일	3일	4일	5일	6일	7일
	쌀미음	쌀미음	쌀미음	찹쌀미음	찹쌀미음	감자미음	감자미음
2주차	8일	9일	10일	11일	12일	13일	14일
	양배추미음	양배추미음	단호박미음	단호박미음	청경채미음	청경채미음	브로콜리미음
3주차	15일	16일	17일	18일	19일	20일	21일
	브로콜리미음	고구마미음	고구마미음	흑미미음	흑미미음	애호박미음	애호박미음
4주차	22일	23일	24일	25일	26일	27일	28일
	소고기미음	소고기 · 무미음	브로콜리 · 고구마미음	소고기 · 감자미음	소고기 · 콜리플라워미음	닭고기미음	닭고기 · 고구마미음
5주차	29일	30일					
	소고기 · 배미음	소고기 · 브로콜리미음					

* 쌀미음: 하루에 한 번, 한두 숟가락부터 시작해서 30g 정도까지

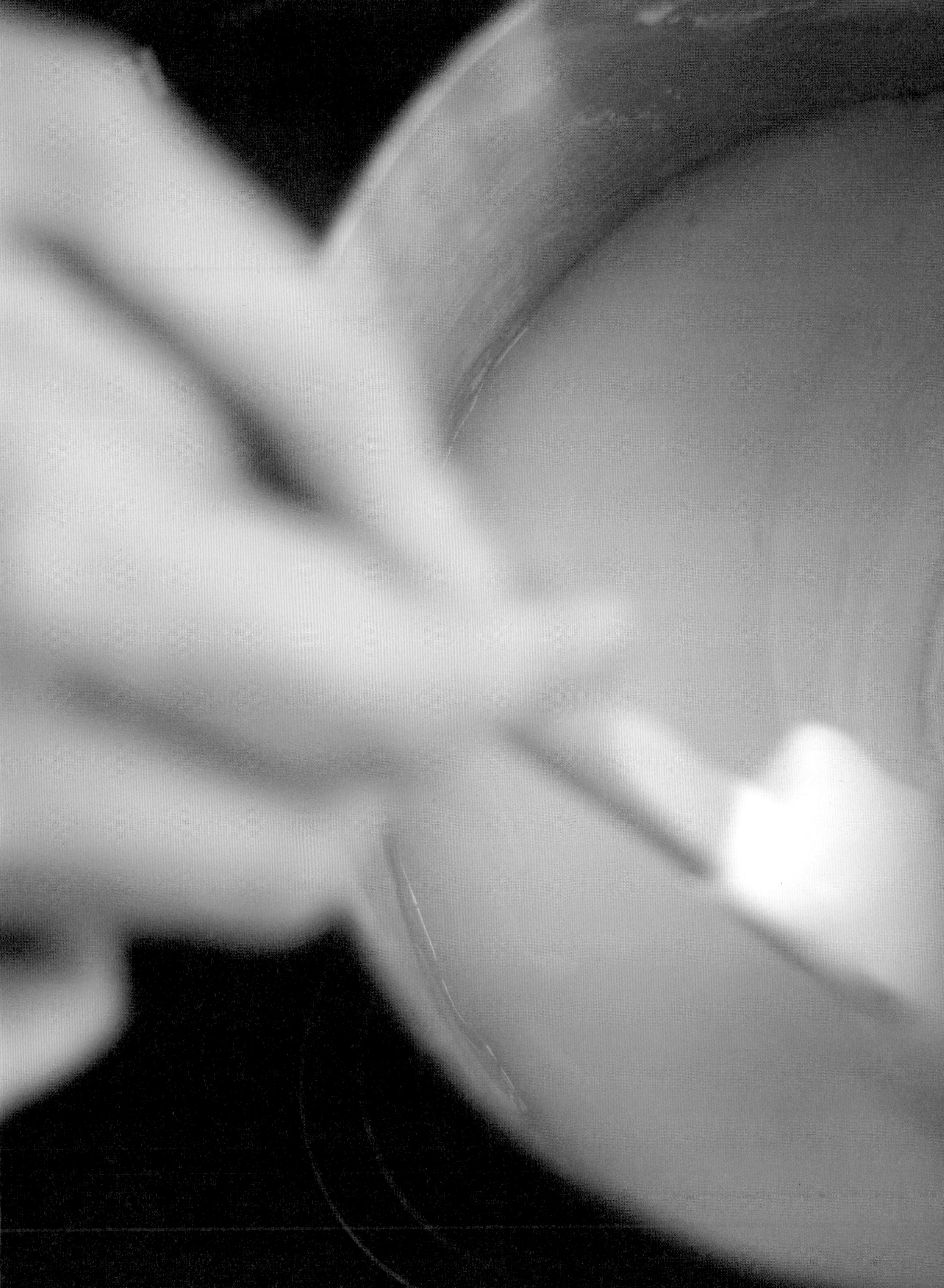

재료를
하나씩
먹어 가며
알레르기 반응을
확인해 주세요

쌀미음

Rice

INGREDIENT

쌀가루 12g, 물 200ml

HOW TO MAKE

1 준비한 물을 냄비에 넣어 주세요.
2 쌀가루를 체에 곱게 쳐서 냄비에 담아 주세요.
3 중간 불에서 눌어붙지 않도록 저어 가며 한소끔 끓여 주세요.
4 약 불에서 농도를 조절하며 걸쭉하고 투명해질 때까지 끓여 주세요.

Tip

1 조리 시에는 항상 끓는 물을 옆에 두도록 하세요. 이유식의 농도를 조절해야 할 때 유용해요.
2 이유식은 끓이는 동안 눌어붙지 않도록 계속 저어 주는 게 중요해요.

My First Spoon

날짜와 시간	
섭취량	
알레르기 반응	
전하는 말	

찹쌀미음

Glutinous Rice

INGREDIENT

쌀가루 12g, 찹쌀가루 3g, 물 200ml

HOW TO MAKE

1 준비한 물을 냄비에 넣어 주세요.
2 쌀가루와 찹쌀가루를 8:2 비율로 섞어 체에 곱게 쳐서 냄비에 담아 주세요.
3 중간 불에서 눌어붙지 않도록 저어 가며 한소끔 끓여 주세요.
4 약 불에서 농도를 조절하며 걸쭉하고 투명해질 때까지 끓여 주세요.

Tip 쌀가루와 찹쌀가루를 미리 8:2 비율로 섞어 두면 편리해요.

흑미미음

Black Rice

INGREDIENT

쌀가루 12g, 찹쌀가루 3g, 흑미 3g, 물 200ml

HOW TO MAKE

1 준비한 물을 냄비에 넣어 주세요.
2 삶은 흑미를 믹서에 넣어 곱게 간 다음 체에 쳐서 냄비에 담아 주세요.
3 쌀가루와 찹쌀가루를 8:2 비율로 섞어 체에 곱게 쳐서 냄비에 담아 주세요.
4 중간 불에서 눌어붙지 않도록 저어 가며 한소끔 끓여 주세요.
5 약 불에서 농도를 조절하며 걸쭉하고 투명해질 때까지 끓여 주세요.

감자미음

Potato

INGREDIENT

쌀가루 12g, 찹쌀가루 3g, 감자 10g, 물 200ml

HOW TO MAKE

1 감자는 껍질을 벗긴 후 얇게 썰어 삶아 주세요.
2 쌀가루와 찹쌀가루를 8:2 비율로 섞어 체에 곱게 쳐서 물과 함께 섞어 주세요.
3 삶은 감자를 물에 섞은 쌀가루와 찹쌀가루와 함께 믹서에 넣어 갈아 주세요.
4 간 감자를 체에 걸러 냄비에 담아 주세요.
5 중간 불에서 눌어붙지 않도록 저어 가며 한소끔 끓여 주세요.
6 약 불에서 농도를 조절하며 걸쭉하고 투명해질 때까지 끓여 주세요.

애호박미음

Young Pumpkin

INGREDIENT

쌀가루 12g, 찹쌀가루 3g, 애호박 10g, 물 200ml

HOW TO MAKE

1 애호박은 얇게 썬 후 삶아 주세요.
2 쌀가루와 찹쌀가루를 8:2 비율로 섞어 체에 곱게 쳐서 물과 함께 섞어 주세요.
3 삶은 애호박을 물에 섞은 쌀가루와 찹쌀가루와 함께 믹서에 넣어 갈아 주세요.
4 간 애호박을 체에 걸러 냄비에 담아 주세요.
5 중간 불에서 눌어붙지 않도록 저어 가며 한소끔 끓여 주세요.
6 약 불에서 농도를 조절하며 걸쭉하고 투명해질 때까지 끓여 주세요.

Tip 잎채소류는 익힌 후 착즙기를 활용하여 즙을 내 미음을 만들어도 됩니다.

고구마미음

Sweet Potato

INGREDIENT

쌀가루 12g, 찹쌀가루 3g, 고구마 10g, 물 200ml

HOW TO MAKE

1 고구마는 껍질을 벗긴 후 얇게 썰어 삶아 주세요.
2 쌀가루와 찹쌀가루를 8:2 비율로 섞어 체에 곱게 쳐서 물과 함께 섞어 주세요.
3 삶은 고구마를 물에 섞은 쌀가루와 찹쌀가루와 함께 믹서에 넣어 갈아 주세요.
4 간 고구마를 체에 걸러 냄비에 담아 주세요.
5 중간 불에서 눌어붙지 않도록 저어 가며 한소끔 끓여 주세요.
6 약 불에서 농도를 조절하며 걸쭉하고 투명해질 때까지 끓여 주세요.

단호박미음

Sweet Pumpkin

INGREDIENT

쌀가루 12g, 찹쌀가루 3g, 단호박 10g, 물 200ml

HOW TO MAKE

1 단호박은 씨와 껍질을 제거한 후 얇게 썰어 삶아 주세요.
2 쌀가루와 찹쌀가루를 8:2 비율로 섞어 체에 곱게 쳐서 물과 함께 섞어 주세요.
3 삶은 단호박을 물에 섞은 쌀가루와 찹쌀가루와 함께 믹서에 넣어 갈아 주세요.
4 간 단호박을 체에 걸러 냄비에 담아 주세요.
5 중간 불에서 눌어붙지 않도록 저어 가며 한소끔 끓여 주세요.
6 약 불에서 농도를 조절하며 걸쭉하고 투명해질 때까지 끓여 주세요.

Tip 삶은 단호박 물(채수)을 활용하여 쌀가루와 찹쌀가루를 섞어 주어도 좋아요.

양배추미음

Cabbage

INGREDIENT

쌀가루 12g, 찹쌀가루 3g, 양배추 10g, 물 200ml

HOW TO MAKE

1 양배추는 잎 부분만 잘라 내어 찌거나 삶아 주세요.
2 쌀가루와 찹쌀가루를 8:2 비율로 섞어 체에 곱게 쳐서 물과 함께 섞어 주세요.
3 삶은 양배추를 물에 섞은 쌀가루와 찹쌀가루와 함께 믹서에 넣어 갈아 주세요.
4 간 양배추를 체에 걸러 냄비에 담아 주세요.
5 중간 불에서 눌어붙지 않도록 저어 가며 한소끔 끓여 주세요.
6 약 불에서 농도를 조절하며 걸쭉하고 투명해질 때까지 끓여 주세요.

Tip 양배추는 굵은 심지를 제거하고 얇은 잎 부분만 골라서 사용하세요.

청경채미음

Bokchoy

INGREDIENT

쌀가루 12g, 찹쌀가루 3g, 청경채 10g, 물 200ml

HOW TO MAKE

1 청경채는 씻은 후 데쳐 주세요.
2 쌀가루와 찹쌀가루를 8:2 비율로 섞어 체에 곱게 쳐서 물과 함께 섞어 주세요.
3 데친 청경채를 물에 섞은 쌀가루와 찹쌀가루와 함께 믹서에 넣어 갈아 주세요.
4 간 청경채를 체에 걸러 냄비에 담아 주세요.
5 중간 불에서 눌어붙지 않도록 저어 가며 한소끔 끓여 주세요.
6 약 불에서 농도를 조절하며 걸쭉하고 투명해질 때까지 끓여 주세요.

사과미음

Apple

INGREDIENT

쌀가루 12g, 찹쌀가루 3g, 사과 10g, 물 180ml

HOW TO MAKE

1 사과는 껍질을 벗긴 후 얇게 썰어 주세요.
2 쌀가루와 찹쌀가루를 8:2 비율로 섞어 체에 곱게 쳐서 물과 함께 섞어 주세요.
3 얇게 썬 사과를 물에 섞은 쌀가루와 찹쌀가루와 함께 믹서에 넣어 갈아 주세요.
4 간 사과를 체에 걸러 냄비에 담아 주세요.
5 중간 불에서 눌어붙지 않도록 저어 가며 한소끔 끓여 주세요.
6 약 불에서 농도를 조절하며 걸쭉하고 투명해질 때까지 끓여 주세요.

Tip 수분이 많은 과일은 다른 미음에 비해 적은 양의 물을 필요로 해요.

배미음

Pear

INGREDIENT

쌀가루 12g, 찹쌀가루 3g, 배 10g, 물 180ml

HOW TO MAKE

1 배는 껍질을 벗긴 후 얇게 썰어 주세요.
2 쌀가루와 찹쌀가루를 8:2 비율로 섞어 체에 곱게 쳐서 물과 함께 섞어 주세요.
3 얇게 썬 배를 물에 섞은 쌀가루와 찹쌀가루와 함께 믹서에 넣어 갈아 주세요.
4 간 배를 체에 걸러 냄비에 담아 주세요.
5 중간 불에서 눌어붙지 않도록 저어 가며 한소끔 끓여 주세요.
6 약 불에서 농도를 조절하며 걸쭉하고 투명해질 때까지 끓여 주세요.

브로콜리 · 고구마미음

Broccoli & Sweet Potato

INGREDIENT

쌀가루 16g, 찹쌀가루 4g, 브로콜리 8g, 고구마 8g, 물 200ml

HOW TO MAKE

1 브로콜리는 적당한 크기로 자른 후 데쳐 주세요.
2 고구마는 껍질을 벗긴 후 얇게 썰어 삶아 주세요.
3 쌀가루와 찹쌀가루를 8:2 비율로 섞어 체에 곱게 쳐서 물과 함께 섞어 주세요.
4 브로콜리와 고구마를 물에 섞은 쌀가루와 찹쌀가루와 함께 믹서에 넣어 갈아 주세요.
5 믹서에 간 재료들을 체에 걸러 냄비에 담아 주세요.
6 중간 불에서 눌어붙지 않도록 저어 가며 한소끔 끓여 주세요.
7 약 불에서 농도를 조절하며 걸쭉하고 투명해질 때까지 끓여 주세요.

소고기미음

Beef

INGREDIENT

쌀가루 12g, 찹쌀가루 3g, 소고기 8g, 물 200ml

HOW TO MAKE

1 소고기는 찬물에 30분간 담가 핏물을 제거한 뒤 삶아 주세요.
2 삶은 소고기는 잘게 썰어 주세요.
3 쌀가루와 찹쌀가루를 8:2 비율로 섞어 체에 곱게 쳐서 물과 함께 섞어 주세요.
4 잘게 썬 소고기를 물에 섞은 쌀가루와 찹쌀가루와 함께 믹서에 넣어 갈아 주세요.
5 중간 불에서 눌어붙지 않도록 저어 가며 한소끔 끓여 주세요.
6 약 불에서 농도를 조절하며 걸쭉해질 때까지 끓여 주세요.

Tip

1 소고기 안심살은 지방과 힘줄 부분을 제거한 후 사용해 주세요.
2 믹서, 도마 등은 고기용 조리기구를 따로 사용해 주시고, 생고기가 닿았던 조리기구, 식기, 공간 등은 꼭 소독하거나 깨끗하게 닦아 주세요.

닭고기미음

Chicken

INGREDIENT

쌀가루 12g
찹쌀가루 3g
닭고기 8g
물 200ml

HOW TO MAKE

1 깨끗이 씻은 닭고기를 모유(분유)에 20분 정도 재운 뒤 삶아 주세요.
2 삶은 닭고기는 잘게 썰어 주세요.
3 쌀가루와 찹쌀가루를 8:2 비율로 섞어 체에 곱게 쳐서 물과 함께 섞어 주세요.
4 잘게 썬 닭고기를 물에 섞은 쌀가루와 찹쌀가루와 함께 믹서에 넣어 갈아 주세요.
5 중간 불에서 눌어붙지 않도록 저어 가며 한소끔 끓여 주세요.
6 약 불에서 농도를 조절하며 걸쭉해질 때까지 끓여 주세요.

Tip

1 닭고기 잡내를 없애기 위해 12개월 이전까지는 우유가 아닌 모유나 분유를 활용해 주세요.
분유를 사용할 때는 물과 1:1로 비율로 섞어 닭고기를 재워 주세요.
2 닭고기 안심살은 지방과 힘줄 부분을 제거한 후 사용해 주세요.

소고기 · 무미음

●

Beef & White Radish

Homemade Baby Food

INGREDIENT

쌀가루 16g
찹쌀가루 4g
소고기 8g
무 10g
물 200ml

HOW TO MAKE

1 소고기는 찬물에 30분간 담가 핏물을 제거한 뒤 삶아 주세요.
2 삶은 소고기는 잘게 썰어 주세요.
3 무는 껍질을 벗긴 후 얇게 썰어 삶아 주세요.
4 쌀가루와 찹쌀가루를 8:2 비율로 섞어 체에 곱게 쳐서 물과 함께 섞어 주세요.
5 소고기와 무를 물에 섞은 쌀가루와 찹쌀가루와 함께 믹서에 넣어 갈아 주세요.
6 믹서에 간 재료들을 체에 걸러 냄비에 담아 주세요.
7 중간 불에서 눌어붙지 않도록 저어 가며 한소끔 끓여 주세요.
8 약 불에서 농도를 조절하며 걸쭉해질 때까지 끓여 주세요.

소고기 · 감자미음

Beef & Potato

INGREDIENT

쌀가루 16g, 찹쌀가루 4g, 소고기 8g, 감자 10g, 물 200ml

HOW TO MAKE

1 소고기는 찬물에 30분간 담가 핏물을 제거한 뒤 삶아 주세요.
2 삶은 소고기는 잘게 썰어 주세요.
3 감자는 껍질을 벗긴 후 얇게 썰어 삶아 주세요.
4 쌀가루와 찹쌀가루를 8:2 비율로 섞어 체에 곱게 쳐서 물과 함께 섞어 주세요.
5 소고기와 감자를 물에 섞은 쌀가루와 찹쌀가루와 함께 믹서에 넣어 갈아 주세요.
6 믹서에 간 재료들을 체에 걸러 냄비에 담아 주세요.
7 중간 불에서 눌어붙지 않도록 저어 가며 한소끔 끓여 주세요.
8 약 불에서 농도를 조절하며 걸쭉해질 때까지 끓여 주세요.

소고기 · 단호박미음

Beef & Sweet Pumpkin

INGREDIENT

쌀가루 16g, 찹쌀가루 4g, 소고기 8g, 단호박 10g, 물 200ml

HOW TO MAKE

1 소고기는 찬물에 30분간 담가 핏물을 제거한 뒤 삶아 주세요.
2 삶은 소고기는 잘게 썰어 주세요.
3 단호박은 씨와 껍질을 제거한 후 얇게 썰어 삶아 주세요.
4 쌀가루와 찹쌀가루를 8:2 비율로 섞어 체에 곱게 쳐서 물과 함께 섞어 주세요.
5 소고기와 단호박을 물에 섞은 쌀가루와 찹쌀가루와 함께 믹서에 넣어 갈아 주세요.
6 믹서에 간 재료들을 체에 걸러 냄비에 담아 주세요.
7 중간 불에서 눌어붙지 않도록 지어 가며 한소끔 끓여 주세요.
8 약 불에서 농도를 조절하며 걸쭉해질 때까지 끓여 주세요.

소고기 · 배미음

Beef & Pear

INGREDIENT

쌀가루 16g, 찹쌀가루 4g, 소고기 8g, 배 10g, 물 200ml

HOW TO MAKE

1 소고기는 찬물에 30분간 담가 핏물을 제거한 뒤 삶아 주세요.
2 삶은 소고기는 잘게 썰어 주세요.
3 배는 껍질을 벗긴 후 얇게 썰어 주세요.
4 쌀가루와 찹쌀가루를 8:2 비율로 섞어 체에 곱게 쳐서 물과 함께 섞어 주세요.
5 소고기와 배를 물에 섞은 쌀가루와 찹쌀가루와 함께 믹서에 넣어 갈아 주세요.
6 믹서에 간 재료들을 체에 걸러 냄비에 담아 주세요.
7 중간 불에서 눌어붙지 않도록 저어 가며 한소끔 끓여 주세요.
8 약 불에서 농도를 조절하며 걸쭉해질 때까지 끓여 주세요.

소고기 · 브로콜리미음

●

Beef & Broccoli

INGREDIENT

쌀가루 16g
찹쌀가루 4g
소고기 8g
브로콜리 10g
물 200ml

HOW TO MAKE

1. 소고기는 찬물에 30분간 담가 핏물을 제거한 뒤 삶아 주세요.
2. 삶은 소고기는 잘게 썰어 주세요.
3. 브로콜리는 적당한 크기로 자른 후 데쳐 주세요.
4. 쌀가루와 찹쌀가루를 8:2 비율로 섞어 체에 곱게 쳐서 물과 함께 섞어 주세요.
5. 소고기와 브로콜리를 물에 섞은 쌀가루와 찹쌀가루와 함께 믹서에 넣어 갈아 주세요.
6. 믹서에 간 재료들을 체에 걸러 냄비에 담아 주세요.
7. 중간 불에서 눌어붙지 않도록 저어 가며 한소끔 끓여 주세요.
8. 약 불에서 농도를 조절하며 걸쭉해질 때까지 끓여 주세요.

소고기 · 콜리플라워미음

Beef & Cauliflower

INGREDIENT

쌀가루 16g
찹쌀가루 4g
소고기 8g
콜리플라워 10g
물 200ml

HOW TO MAKE

1 소고기는 찬물에 30분간 담가 핏물을 제거한 뒤 삶아 주세요.
2 삶은 소고기는 잘게 썰어 주세요.
3 콜리플라워는 적당한 크기로 자른 후 데쳐 주세요.
4 쌀가루와 찹쌀가루를 8:2 비율로 섞어 체에 곱게 쳐서 물과 함께 섞어 주세요.
5 소고기와 콜리플라워를 물에 섞은 쌀가루와 찹쌀가루와 함께 믹서에 넣어 갈아 주세요.
6 믹서에 간 재료들을 체에 걸러 냄비에 담아 주세요.
7 중간 불에서 눌어붙지 않도록 저어 가며 한소끔 끓여 주세요.
8 약 불에서 농도를 조절하며 걸쭉해질 때까지 끓여 주세요.

닭고기 · 고구마미음

Chicken & Sweet Potato

INGREDIENT

쌀가루 16g, 찹쌀가루 4g, 닭고기 8g, 고구마 10g, 물 200ml

HOW TO MAKE

1 깨끗이 씻은 닭고기를 모유(분유)에 20분 정도 재운 뒤 삶아 주세요.
2 삶은 닭고기는 잘게 썰어 주세요.
3 고구마는 껍질을 벗긴 후 얇게 썰어 삶아 주세요.
4 쌀가루와 찹쌀가루를 8:2 비율로 섞어 체에 곱게 쳐서 물과 함께 섞어 주세요.
5 닭고기와 고구마를 물에 섞은 쌀가루와 찹쌀가루와 함께 믹서에 넣어 갈아 주세요.
6 믹서에 간 재료들을 체에 걸러 냄비에 담아 주세요.
7 중간 불에서 눌어붙지 않도록 저어 가며 한소끔 끓여 주세요.
8 약 불에서 농도를 조절하며 걸쭉해질 때까지 끓여 주세요.

닭고기 · 옥수수미음

Chicken & Corn

INGREDIENT

쌀가루 16g, 찹쌀가루 4g, 닭고기 8g, 옥수수 10g, 물 200ml

HOW TO MAKE

1 깨끗이 씻은 닭고기를 모유(분유)에 20분 정도 재운 뒤 삶아 주세요.
2 삶은 닭고기는 잘게 썰어 주세요.
3 옥수수는 충분히 삶은 후 믹서에 갈아 주세요.
4 쌀가루와 찹쌀가루를 8:2 비율로 섞어 체에 곱게 쳐서 물과 함께 섞어 주세요.
5 닭고기와 옥수수를 물에 섞은 쌀가루와 찹쌀가루와 함께 믹서에 넣어 갈아 주세요.
6 믹서에 간 재료들을 체에 걸러 냄비에 담아 주세요.
7 중간 불에서 눌어붙지 않도록 저어 가며 한소끔 끓여 주세요.
8 약 불에서 농도를 조절하며 걸쭉해질 때까지 끓여 주세요.

5 cup
4 cup
1000ml
3 cup
750ml
2 cup
1 cup
250ml
Pulse
0/off
BOSCH

닭고기 · 브로콜리미음

Chicken & Broccoli

INGREDIENT

쌀가루 16g, 찹쌀가루 4g, 닭고기 8g, 브로콜리 10g, 물 200ml

HOW TO MAKE

1 깨끗이 씻은 닭고기를 모유(분유)에 20분 정도 재운 뒤 삶아 주세요.
2 삶은 닭고기는 잘게 썰어 주세요.
3 브로콜리는 적당한 크기로 자른 후 데쳐 주세요.
4 쌀가루와 찹쌀가루를 8:2 비율로 섞어 체에 곱게 쳐서 물과 함께 섞어 주세요.
5 닭고기와 브로콜리를 물에 섞은 쌀가루와 찹쌀가루와 함께 믹서에 넣어 갈아 주세요.
6 믹서에 간 재료들을 체에 걸러 냄비에 담아 주세요.
7 중간 불에서 눌어붙지 않도록 저어 가며 한소끔 끓여 주세요.
8 약 불에서 농도를 조절하며 걸쭉해질 때까지 끓여 주세요.

닭고기 · 감자미음

Chicken & Potato

INGREDIENT

쌀가루 16g, 찹쌀가루 4g, 닭고기 8g, 감자 10g, 물 200ml

HOW TO MAKE

1 깨끗이 씻은 닭고기를 모유(분유)에 20분 정도 재운 뒤 삶아 주세요.
2 삶은 닭고기는 잘게 썰어 주세요.
3 감자는 껍질을 벗긴 후 얇게 썰어 삶아 주세요.
4 쌀가루와 찹쌀가루를 8:2 비율로 섞어 체에 곱게 쳐서 물과 함께 섞어 주세요.
5 닭고기와 감자를 물에 섞은 쌀가루와 찹쌀가루와 함께 믹서에 넣어 갈아 주세요.
6 믹서에 간 재료들을 체에 걸러 냄비에 담아 주세요.
7 중간 불에서 눌어붙지 않도록 저어 가며 한소끔 끓여 주세요.
8 약 불에서 농도를 조절하며 걸쭉해질 때까지 끓여 주세요.

First Food

우리 아이 첫 이유식

본 책에 실린 이유식 레시피를 하나씩 만들어 먹어 가며 이유식 시간과 양, 알레르기 반응 등을 적어 보아요.

이유식명: 소고기 미음

날짜/시간	섭취량	알레르기 반응	만족도

이유식명:

날짜/시간	섭취량	알레르기 반응	만족도

이유식명:

날짜/시간	섭취량	알레르기 반응	만족도

이유식명:

날짜/시간	섭취량	알레르기 반응	만족도

Mom's Recipe

우리 아이가 좋아하는 이유식 레시피

아이가 특히 잘 먹는 레시피 혹은 엄마만의 특급 레시피를 개발해 아이의 식사시간을 더욱 즐겁게 만들어 주세요.

• 재료 • 만드는 방법 • 주의사항	• 재료 • 만드는 방법 • 주의사항
• 재료 • 만드는 방법 • 주의사항	• 재료 • 만드는 방법 • 주의사항

Monthly Plan

한 달 식단 짜기

본 책에 실린 레시피를 참고하여 한달 분의 이유식 스케줄을 짜서 아이가 고르게 영양분을 섭취할 수 있도록 도와 주세요.

1주차	1일	2일	3일	4일	5일	6일	7일
2주차	8일	9일	10일	11일	12일	13일	14일
3주차	15일	16일	17일	18일	19일	20일	21일
4주차	22일	23일	24일	25일	26일	27일	28일
5주차	29일	30일					
쇼핑 리스트	1주차: 2주차: 3주차: 4주차: 5주차:						

Mom's Letter

아이에게 쓰는 편지

세상에서 단 하나뿐인 소중한 아이에게 전하고 싶은 이야기와
간직하고 싶은 추억을 사진과 함께 남겨 보아요.

Dear my

My
First
Spoon

My
first
spoon

Two spoon

초기 이유식 1.5단계(생후 만 7개월): 미음에서 죽으로

초기 이유식 1.5단계는 중기 이유식 2단계로 넘어가기 전 단계로, 부드러운 입자의 미음에서 흰죽 베이스를 기본으로 채소, 고기 등을 살짝 씹을 수 있을 만큼의 알갱이 형태로 만든 죽(8배죽)을 먹이는 시기입니다. 아이들마다 치아 상태와 소화 상태가 다르니 아이가 씹을 수 있거나 소화하기에 거부감이 없도록 재료의 크기와 단계를 알맞게 바꿔주도록 하세요.

하루에 두 번씩, 2주에서 한 달 정도 먹여 주고, 이때 재료는 두 가지 이상으로 고기와 야채, 과일을 섞어 주도록 하며 매일 고기를 섭취할 수 있게 해주세요.

[초기 이유식 1.5단계 추천 식단]

	1일	2일	3일	4일	5일	6일	7일
1주차	소고기 · 브로콜리 · 감자죽	소고기 · 브로콜리 · 감자죽	닭고기 · 고구마 · 청경채죽	닭고기 · 고구마 · 청경채죽	소고기 · 애호박 · 콜리플라워죽	소고기 · 애호박 · 콜리플라워죽	닭고기 · 양배추 · 비타민죽
	8일	9일	10일	11일	12일	13일	14일
2주차	닭고기 · 양배추 · 비타민죽	소고기 · 콜리플라워 · 단호박죽	소고기 · 콜리플라워 · 단호박죽	닭고기 · 감자 · 애호박죽	닭고기 · 감자 · 애호박죽	소고기 · 양배추 · 애호박죽	소고기 · 양배추 · 애호박죽
	15일	16일	17일	18일	19일	20일	21일
3주차	닭고기 · 브로콜리 · 감자죽	닭고기 · 브로콜리 · 감자죽	소고기 · 배추 · 표고버섯죽	소고기 · 배추 · 표고버섯죽	소고기 · 브로콜리 · 감자죽	소고기 · 브로콜리 · 감자죽	닭고기 · 고구마 · 청경채죽
	22일	23일	24일	25일	26일	27일	28일
4주차	닭고기 · 고구마 · 청경채죽	소고기 · 애호박 · 콜리플라워죽	소고기 · 애호박 · 콜리플라워죽	닭고기 · 브로콜리 · 감자죽	닭고기 · 브로콜리 · 감자죽	소고기 · 배추 · 표고버섯죽	소고기 · 배추 · 표고버섯죽
	29일	30일					
5주차	닭고기 · 양배추 · 비타민죽	닭고기 · 양배추 · 비타민죽					

미음에서
죽으로
넘어가는 단계로
알갱이가
조금씩 있어요

흰죽 베이스

Rice Gruel

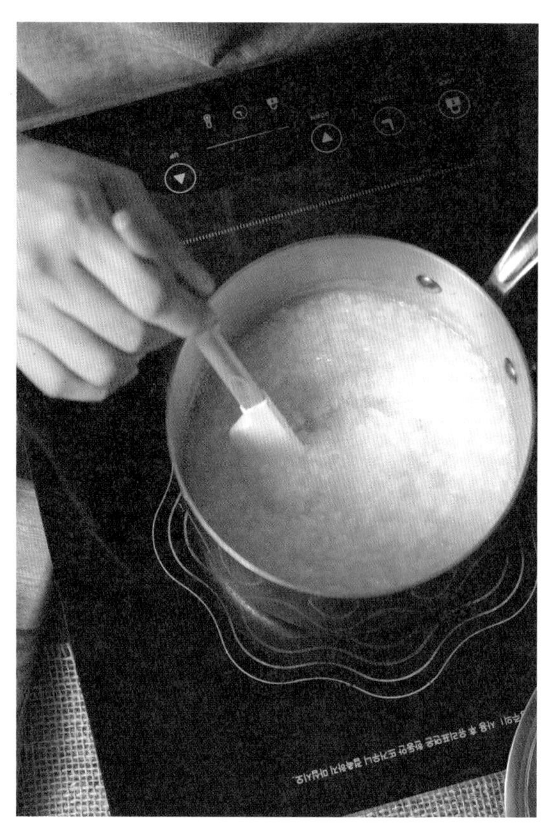

INGREDIENT

(6회 기준) 쌀 120g, 찹쌀 30g, 물 1,200ml

HOW TO MAKE

1 쌀과 찹쌀을 섞어 30분 이상 물에 불려 주세요.
2 불린 쌀과 찹쌀을 물과 함께 믹서에 넣어 1/3 입자 크기로 갈아 주세요.
3 간 쌀과 찹쌀을 중간 불에서 눌어붙지 않도록 저어 가며 한소끔 끓여 주세요.
4 약 불에서 농도를 조절하며 걸쭉해질 때까지 끓여 주세요.
5 식힌 다음 1회 분량씩 소분하여 냉장 보관해 주세요.

Tip 흰죽 베이스는 대량으로 만들어 놓기 때문에 비율로 기억하는 게 좋아요. 쌀과 찹쌀은 4:1 비율로, 물은 쌀과 찹쌀의 혼합물의 8배로 계산하면 됩니다(1회 기준: 쌀 20g, 찹쌀 5g, 물 200ml).

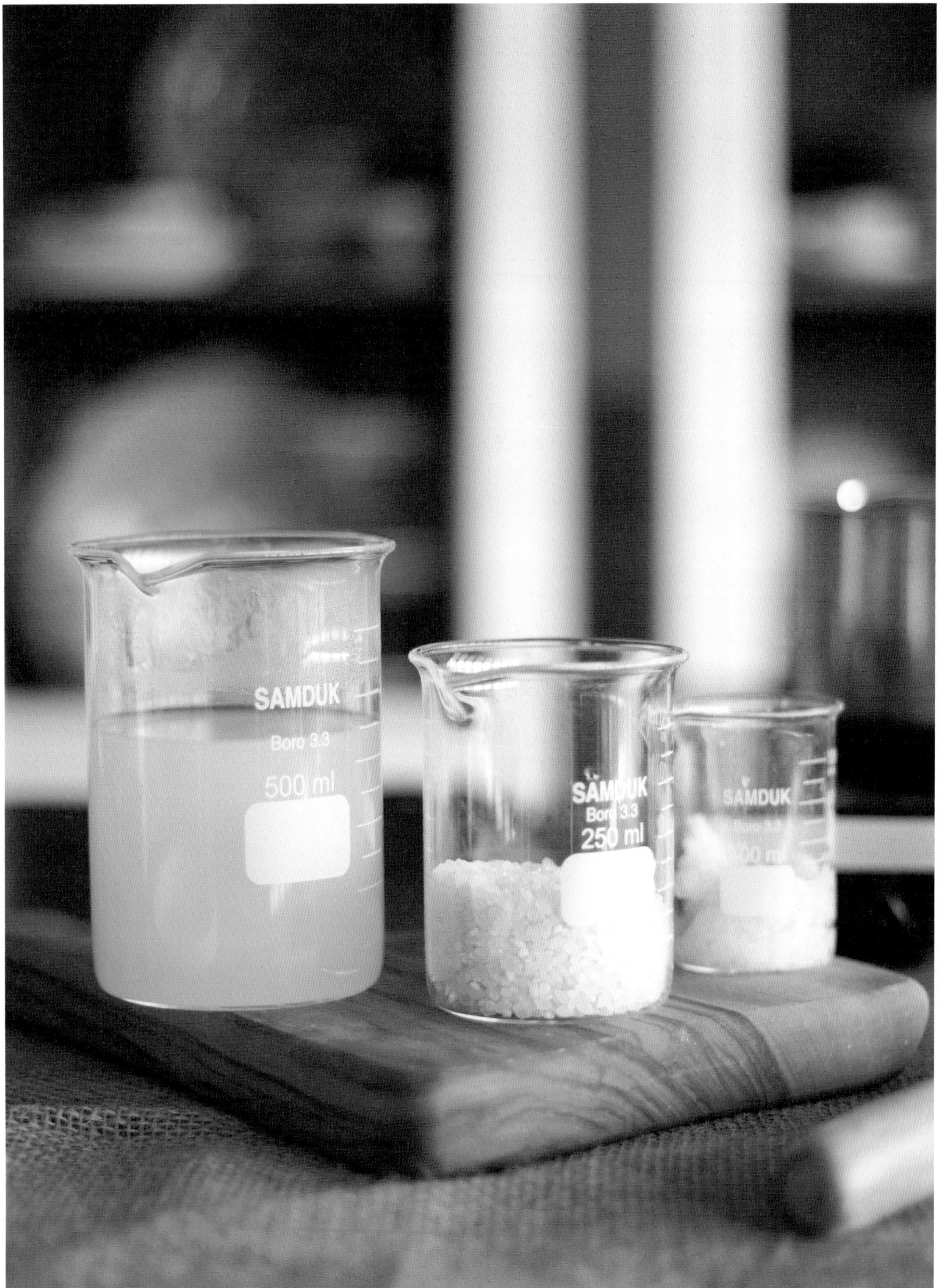
SAMDUK
Boro 3.3
500 ml
SAMDUK
250 ml
SAMDUK

소고기 육수

Beef Stock

INGREDIENT

양지 200g, 양파 1개, 말린 표고버섯 1줌,
다시마 약간, 무 100g, 물 2L

Tip

1 다시마는 기본적으로 나트륨이 함유되어 있어 후기로 갈수록 양을 늘려 줘도 좋아요.
2 후기에서 완료기로 넘어가는 단계에서는 마른 멸치, 마른 새우, 가다랑어포를 추가하여 육수를 만들어 주세요.

HOW TO MAKE

1 양지는 찬물에 30분간 담가 핏물을 제거해 주세요.
2 말린 표고버섯은 흐르는 물에 한 번 씻어 주세요.
3 다시마는 젖은 면 보자기로 소금기를 닦아 주세요.
4 양파와 무는 껍질을 벗긴 후 적당한 크기로 썰어 주세요.
5 손질한 재료들을 물과 함께 한 냄비에 담아 센 불에서 끓여 주고, 다시마는 5분 후에 건져 주세요.
6 불순물이 올라오면 여러 번 걷어 주면서 약 40~50분간 끓여 주세요.

닭고기 육수

Chicken Stock

INGREDIENT

닭가슴살(또는 닭안심살) 200g, 양파 1개,
말린 표고버섯 1줌, 당근 중간 크기 1개, 물 2L

Tip 후기에는 셀러리를 추가하여 육수를 만들어도 좋아요. 향이 강해 거부감이 있을 수 있으므로 상황에 맞춰 조절해 주세요.

HOW TO MAKE

1 닭고기는 모유(분유)에 20분간 담가 잡내를 제거해 주세요.
2 말린 표고버섯은 흐르는 물에 한 번 씻어 주세요.
3 양파와 당근은 껍질을 벗긴 후 적당한 크기로 썰어 주세요.
4 손질한 재료들을 물과 함께 한 냄비에 담아 센 불에서 약 40~50분간 끓여 주세요.
5 끓이는 동안 불순물이 올라오면 여러 번 걷어내 주세요.

소고기 · 브로콜리 · 감자죽

Beef & Broccoli & Potato

INGREDIENT

흰죽 베이스 25g, 소고기 10g, 브로콜리 15g, 감자 15g, 소고기 육수 150ml

HOW TO MAKE

1 소고기는 찬물에 30분간 담가 핏물을 제거한 뒤 삶아 주세요.
2 삶은 소고기는 잘게 썬 후 믹서로 갈아 주세요.
3 브로콜리는 적당한 크기로 자르고 데친 후 믹서로 갈아 주세요.
4 감자는 껍질을 벗기고 얇게 썬 후 믹서로 갈아 주세요.
5 손질한 재료들을 흰죽 베이스, 소고기 육수와 함께 믹서에 넣어 갈아 주세요.
6 냄비에 담아 중간 불에서 눌어붙지 않도록 저어 가며 한소끔 끓여 주세요.
7 약 불에서 농도를 조절하며 걸쭉해질 때까지 끓여 주세요.

Tip

1 육수는 미리 끓여서 준비해 주세요.
2 냄비는 3가지로 준비해 주세요.
① 끓는 물 냄비
② 이유식 완성용 냄비
③ 육류 익힐 냄비 (육류 사용 시)

소고기 · 애호박 · 콜리플라워죽

Beef & Young Pumpkin & Cauliflower

INGREDIENT

흰죽 베이스 25g
소고기 10g
애호박 15g
콜리플라워 15g
당근 5g
소고기 육수 150ml

HOW TO MAKE

1 소고기는 찬물에 30분간 담가 핏물을 제거한 뒤 삶아 주세요.
2 삶은 소고기는 잘게 썬 후 믹서로 갈아 주세요.
3 애호박은 얇게 썰어 삶은 후 믹서로 갈아 주세요.
4 콜리플라워는 적당한 크기로 자르고 데친 후 믹서로 갈아 주세요.
5 당근은 껍질을 벗기고 얇게 썬 후 믹서로 갈아 주세요.
6 손질한 재료들을 흰죽 베이스, 소고기 육수와 함께 믹서에 넣어 갈아 주세요.
7 냄비에 담아 중간 불에서 눌어붙지 않도록 저어 가며 한소끔 끓여 주세요.
8 약 불에서 농도를 조절하며 걸쭉해질 때까지 끓여 주세요.

소고기 · 콜리플라워 · 단호박죽

Beef & Cauliflower & Sweet Pumpkin

INGREDIENT

흰죽 베이스 25g
소고기 10g
콜리플라워 15g
단호박 15g
소고기 육수 150ml

HOW TO MAKE

1 소고기는 찬물에 30분간 담가 핏물을 제거한 뒤 삶아 주세요.
2 삶은 소고기는 잘게 썬 후 믹서로 갈아 주세요.
3 콜리플라워는 적당한 크기로 자르고 데친 후 믹서로 갈아 주세요.
4 단호박은 씨와 껍질을 제거하고 얇게 썬 후 믹서로 갈아 주세요.
5 손질한 재료들을 흰죽 베이스, 소고기 육수와 함께 믹서에 넣어 갈아 주세요.
6 냄비에 담아 중간 불에서 눌어붙지 않도록 저어 가며 한소끔 끓여 주세요.
7 약 불에서 농도를 조절하며 걸쭉해질 때까지 끓여 주세요.

소고기 · 양배추 · 애호박죽

Beef & Cabbage & Young Pumpkin

INGREDIENT

흰죽 베이스 25g, 소고기 10g, 양배추 20g, 애호박 15g,
당근 5g, 소고기 육수 150ml

HOW TO MAKE

1 소고기는 찬물에 30분간 담가 핏물을 제거한 뒤 삶아 주세요.
2 삶은 소고기는 잘게 썬 후 믹서로 갈아 주세요.
3 양배추는 적당한 크기로 자르고 데친 후 믹서로 갈아 주세요.
4 애호박은 얇게 썰어 삶은 후 믹서로 갈아 주세요.
5 당근은 껍질을 벗기고 얇게 썬 후 믹서로 갈아 주세요.
6 손질한 재료들을 흰죽 베이스, 소고기 육수와 함께 믹서에 넣어 갈아 주세요.
7 냄비에 담아 중간 불에서 눌어붙지 않도록 저어 가며 한소끔 끓여 주세요.
8 약 불에서 농도를 조절하며 걸쭉해질 때까지 끓여 주세요.

소고기 · 배추 · 표고버섯죽

Beef & Chinese Cabbage & Shiitake Mushroom

INGREDIENT

흰죽 베이스 25g, 소고기 10g, 배추 20g, 표고버섯 15g, 당근 5g, 소고기 육수 150ml

HOW TO MAKE

1. 소고기는 찬물에 30분간 담가 핏물을 제거한 뒤 삶아 주세요.
2. 삶은 소고기는 잘게 썬 후 믹서로 갈아 주세요.
3. 배추는 적당한 크기로 자르고 데친 후 믹서로 갈아 주세요.
4. 표고버섯은 얇게 썬 후 믹서로 갈아 주세요.
5. 당근은 껍질을 벗기고 얇게 썬 후 믹서로 갈아 주세요.
6. 손질한 재료들을 흰죽 베이스, 소고기 육수와 함께 믹서에 넣어 갈아 주세요.
7. 냄비에 담아 중간 불에서 눌어붙지 않도록 저어 가며 한소끔 끓여 주세요.
8. 약 불에서 농도를 조절하며 걸쭉해질 때까지 끓여 주세요.

닭고기 · 감자 · 애호박죽

Chicken & Potato & Young Pumpkin

INGREDIENT

흰죽 베이스 25g
닭고기 10g
감자 15g
애호박 15g
닭고기 육수 150ml

HOW TO MAKE

1 깨끗이 씻은 닭고기를 모유(분유)에 20분 정도 재운 뒤 삶아 주세요.
2 삶은 닭고기는 잘게 썬 후 믹서로 갈아 주세요.
3 감자는 껍질을 벗기고 얇게 썬 후 믹서로 갈아 주세요.
4 애호박은 얇게 썰어 삶은 후 믹서로 갈아 주세요.
5 손질한 재료들을 흰죽 베이스, 닭고기 육수와 함께 믹서에 넣어 갈아 주세요.
6 냄비에 담아 중간 불에서 눌어붙지 않도록 저어 가며 한소끔 끓여 주세요.
7 약 불에서 농도를 조절하며 걸쭉해질 때까지 끓여 주세요.

닭고기 · 브로콜리 · 감자죽

Chicken & Broccoli & Potato

INGREDIENT

흰죽 베이스 25g
닭고기 10g
브로콜리 15g
감자 15g
닭고기 육수 150ml

HOW TO MAKE

1 깨끗이 씻은 닭고기를 모유(분유)에 20분 정도 재운 뒤 삶아 주세요.
2 삶은 닭고기는 잘게 썬 후 믹서로 갈아 주세요.
3 브로콜리는 적당한 크기로 자르고 데친 후 믹서로 갈아 주세요.
4 감자는 껍질을 벗기고 얇게 썬 후 믹서로 갈아 주세요.
5 손질한 재료들을 흰죽 베이스, 닭고기 육수와 함께 믹서에 넣어 갈아 주세요.
6 냄비에 담아 중간 불에서 눌어붙지 않도록 저어 가며 한소끔 끓여 주세요.
7 약 불에서 농도를 조절하며 걸쭉해질 때까지 끓여 주세요.

닭고기 · 고구마 · 청경채죽

Chicken & Sweet Potato & Bokchoy

INGREDIENT

흰죽 베이스 25g, 닭고기 10g, 고구마 15g, 청경채 15g, 닭고기 육수 150ml

HOW TO MAKE

1 깨끗이 씻은 닭고기를 모유(분유)에 20분 정도 재운 뒤 삶아 주세요.
2 삶은 닭고기는 잘게 썬 후 믹서로 갈아 주세요.
3 고구마는 껍질을 벗기고 얇게 썬 후 믹서로 갈아 주세요.
4 청경채는 적당한 크기로 자르고 데친 후 믹서로 갈아 주세요.
5 손질한 재료들을 흰죽 베이스, 닭고기 육수와 함께 믹서에 넣어 갈아 주세요.
6 냄비에 담아 중간 불에서 눌어붙지 않노록 저어 가며 한소끔 끓여 주세요.
7 약 불에서 농도를 조절하며 걸쭉해질 때까지 끓여 주세요.

닭고기 · 양배추 · 비타민죽

Chicken & Cabbage & Vitamin

INGREDIENT

흰죽 베이스 25g, 닭고기 10g, 양배추 20g, 비타민 15g, 닭고기 육수 150ml

HOW TO MAKE

1 깨끗이 씻은 닭고기를 모유(분유)에 20분 정도 재운 뒤 삶아 주세요.
2 삶은 닭고기는 잘게 썬 후 믹서로 갈아 주세요.
3 양배추는 적당한 크기로 자르고 데친 후 믹서로 갈아 주세요.
4 비타민은 적당한 크기로 자르고 데친 후 믹서로 갈아 주세요.
5 손질한 재료들을 흰죽 베이스, 닭고기 육수와 함께 믹서에 넣어 갈아 주세요.
6 냄비에 담아 중간 불에서 눌어붙지 않도록 저어 가며 한소끔 끓여 주세요.
7 약 불에서 농도를 조절하며 걸쭉해질 때까지 끓여 주세요.

First Food

우리 아이 첫 이유식

본 책에 실린 이유식 레시피를 하나씩 만들어 먹어 가며 이유식 시간과 양, 알레르기 반응 등을 적어 보아요.

이유식명: 소고기 · 브로콜리 · 감자죽

날짜/시간	섭취량	알레르기 반응	만족도

이유식명:

날짜/시간	섭취량	알레르기 반응	만족도

이유식명:

날짜/시간	섭취량	알레르기 반응	만족도

이유식명:

날짜/시간	섭취량	알레르기 반응	만족도

Mom's Recipe

우리 아이가 좋아하는 이유식 레시피

아이가 특히 잘 먹는 레시피 혹은 엄마만의 특급 레시피를 개발해 아이의 식사시간을 더욱 즐겁게 만들어 주세요.

• 재료 • 만드는 방법 • 주의시항	• 재료 • 만드는 방법 • 주의사항
• 재료 • 만드는 방법 • 주의사항	• 재료 • 만드는 방법 • 주의사항

Monthly Plan

한 달 식단 짜기

본 책에 실린 레시피를 참고하여 한달 분의 이유식 스케줄을 짜서 아이가 고르게 영양분을 섭취할 수 있도록 도와 주세요.

1주차	1일	2일	3일	4일	5일	6일	7일
2주차	8일	9일	10일	11일	12일	13일	14일
3주차	15일	16일	17일	18일	19일	20일	21일
4주차	22일	23일	24일	25일	26일	27일	28일
5주차	29일	30일					
쇼핑 리스트	1주차: 2주차: 3주차: 4주차: 5주차:						

Mom's Letter

아이에게 쓰는 편지

세상에서 단 하나뿐인 소중한 아이에게 전하고 싶은 이야기와
간직하고 싶은 추억을 사진과 함께 남겨 보아요.

Dear my

Three spoon

중기 이유식 2단계(생후 만 8~10개월): 죽

중기 이유식 2단계는 이로 으깨어 씹어 삼킬 수 있는 죽 형태로 아이들이 본격적으로 음식을 섭취하는 것을 배우는 시기입니다. 7배죽에서 6배죽 정도의 비율이 좋으며, 조금씩 분유나 모유의 양을 줄여가면서 서서히 두 끼에서 세 끼로 이유식 양을 늘려 주세요. 아이의 치아와 소화 상태에 따라 재료의 크기와 묽기는 조금씩 차이가 있을 수 있으니 상황에 따라 맞춰주면 됩니다.

식사시간이 맛있고 즐거운 시간임을 아이들이 인지할 수 있도록, 건강하면서도 맛도 있는 이유식을 다양하게 만들어 주도록 하세요.

[중기 이유식 2단계 추천 식단]

	1일	2일	3일	4일	5일	6일	7일
1주차	소고기 · 적채 · 브로콜리죽	소고기 · 단호박 · 청경채죽	닭고기 · 고구마 · 청경채죽	대구살 · 연두부 · 브로콜리죽	소고기 · 우엉 · 배추죽	닭고기 · 새송이버섯 · 비타민죽	소고기 · 가지 · 브로콜리죽
	8일	9일	10일	11일	12일	13일	14일
2주차	닭고기 · 옥수수 · 고구마죽	소고기 · 단호박 · 브로콜리죽	검은콩 · 검은깨죽	닭고기 · 브로콜리 · 애호박죽	소고기 · 단호박 · 미역죽	대구살 · 옥수수 · 청경채죽	소고기 · 애호박 · 표고버섯죽
	15일	16일	17일	18일	19일	20일	21일
3주차	닭고기 · 연근 · 브로콜리죽	소고기 · 배추 · 표고버섯죽	대구살 · 치즈 · 브로콜리죽	소고기 · 단호박 · 청경채죽	소고기 · 연근 · 브로콜리죽	닭고기 · 새송이버섯 · 비타민죽	퀴노아 · 렌틸콩죽
	22일	23일	24일	25일	26일	27일	28일
4주차	소고기 · 배추 · 표고버섯죽	소고기 · 가지 · 브로콜리죽	닭고기 · 단호박 · 비타민죽	소고기 · 단호박 · 미역죽	대구살 · 치즈 · 브로콜리죽	소고기 · 우엉 · 배추죽	소고기 · 애호박 · 표고버섯죽
	29일	30일					
5주차	닭고기 · 연근 · 브로콜리죽	소고기 · 단호박 · 청경채죽					

아이에게
씹는 연습을
조금씩
시켜주세요

소고기·
단호박·
청경채죽

Beef & Sweet Pumpkin & Bokchoy

INGREDIENT

흰죽 베이스 30g, 소고기 20g, 단호박 10g, 청경채 10g, 당근 5g, 소고기 육수 170ml

HOW TO MAKE

1 소고기는 찬물에 30분간 담가 핏물을 제거한 뒤 삶아 주세요.
2 삶은 소고기는 잘게 다져 주세요.
3 단호박은 씨와 껍질을 제거한 후 잘게 다져 주세요.
4 당근은 껍질을 벗긴 후 잘게 다져 주세요.
5 소고기를 흰죽 베이스, 소고기 육수와 함께 냄비에 넣어 중간 불에서 끓여 주세요.
6 한소끔 끓으면 단호박과 당근을 넣어 주세요.
7 청경채는 잘게 다진 후 데쳐 주세요.
8 데친 청경채를 넣고 약 불에서 농도를 조절해 가며 끓여 주세요.

Tip

1 고기와 채소는 칼로 잘게 다지거나 믹서 또는 채소 다지기를 이용해도 됩니다.
2 시간 절약을 위해 다져진 상태의 다짐육과 채소를 활용해도 좋아요.
3 채소를 데치기 위해 끓는 물을 항상 준비해 주세요.

소고기 · 애호박 · 표고버섯죽

Beef & Young Pumpkin & Shiitake Mushroom

INGREDIENT

흰죽 베이스 30g, 소고기 20g, 애호박 10g, 표고버섯 10g, 당근 5g,
소고기 육수 170ml

HOW TO MAKE

1 소고기는 찬물에 30분간 담가 핏물을 제거한 뒤 삶아 주세요.
2 삶은 소고기는 잘게 다져 주세요.
3 표고버섯은 잘게 다져 주세요.
4 당근은 껍질을 벗긴 후 잘게 다져 주세요.
5 소고기를 흰죽 베이스, 소고기 육수와 함께 냄비에 넣어 중간 불에서 끓여 주세요.
6 한소끔 끓으면 표고버섯과 당근을 넣어 주세요.
7 애호박은 잘게 다진 후 데쳐 주세요.
8 데친 애호박을 넣고 약 불에서 농도를 조절해 가며 끓여 주세요.

Tip 재료를 넣는 순서는 고기(소고기, 닭고기) → 어두운 고동색 재료(표고버섯, 밤, 고구마, 연근, 단호박, 가지 등) → 초록색 채소(청경채, 비타민, 브로콜리 등) 순입니다.

소고기·
배추·
표고버섯죽

Beef & Chinese Cabbage & Shiitake Mushroom

INGREDIENT

흰죽 베이스 30g, 소고기 20g, 배추 20g, 표고버섯 10g, 당근 5g,
소고기 육수 170ml

HOW TO MAKE

1 소고기는 찬물에 30분간 담가 핏물을 제거한 뒤 삶아 주세요.
2 삶은 소고기는 잘게 다져 주세요.
3 표고버섯은 잘게 다져 주세요.
4 당근은 껍질을 벗긴 후 잘게 다져 주세요.
5 소고기를 흰죽 베이스, 소고기 육수와 함께 냄비에 넣어 중간 불에서 끓여 주세요.
6 한소끔 끓으면 표고버섯과 당근을 넣어 주세요.
7 배추는 잘게 다진 후 데쳐 주세요.
8 데친 배추를 넣고 약 불에서 농도를 조절해 가며 끓여 주세요.

소고기 · 연근 · 브로콜리죽

Beef & Lotus Root & Broccoli

INGREDIENT

흰죽 베이스 30g, 소고기 20g, 연근 10g, 브로콜리 10g, 당근 5g,
소고기 육수 170ml

HOW TO MAKE

1 소고기는 찬물에 30분간 담가 핏물을 제거한 뒤 삶아 주세요.
2 삶은 소고기는 잘게 다져 주세요.
3 연근은 껍질을 벗기고 적당한 크기로 잘라 삶은 후 믹서에 갈아 주세요.
4 당근은 껍질을 벗긴 후 잘게 다져 주세요.
5 소고기를 흰죽 베이스, 소고기 육수와 함께 냄비에 넣어 중간 불에서 끓여 주세요.
6 한소끔 끓으면 연근과 당근을 넣어 주세요.
7 브로콜리는 잘게 다진 후 데쳐 주세요.
8 데친 브로콜리를 넣고 약 불에서 농도를 조절해 가며 끓여 주세요.

Tip 연근, 우엉 등 단단한 뿌리채소는 아이가 그냥 삼킬 위험이 있어, 삶은 후 믹서에 갈아서 준비해 주세요.

소고기·
단호박·
브로콜리죽

Beef & Sweet Pumpkin & Broccoli

INGREDIENT

흰죽 베이스 30g, 소고기 20g, 단호박 20g, 브로콜리 10g, 당근 5g,
소고기 육수 170ml

HOW TO MAKE

1 소고기는 찬물에 30분간 담가 핏물을 제거한 뒤 삶아 주세요.
2 삶은 소고기는 잘게 다져 주세요.
3 단호박은 씨와 껍질을 제거한 후 잘게 다져 주세요.
4 당근은 껍질을 벗긴 후 잘게 다져 주세요.
5 소고기를 흰죽 베이스, 소고기 육수와 함께 냄비에 넣어 중간 불에서 끓여 주세요.
6 한소끔 끓으면 단호박과 당근을 넣어 주세요.
7 브로콜리는 잘게 다진 후 데쳐 주세요.
8 데친 브로콜리를 넣고 약 불에서 농도를 조절해 가며 끓여 주세요.

소고기 · 표고버섯 · 아욱죽

Beef & Shiitake Mushroom & Chinese Mallow

INGREDIENT

흰죽 베이스 30g, 소고기 20g, 표고버섯 15g, 아욱 10g, 당근 5g,
소고기 육수 170ml

HOW TO MAKE

1 소고기는 찬물에 30분간 담가 핏물을 제거한 뒤 삶아 주세요.
2 삶은 소고기는 잘게 다져 주세요.
3 표고버섯은 잘게 다져 주세요.
4 당근은 껍질을 벗긴 후 잘게 다져 주세요.
5 소고기를 흰죽 베이스, 소고기 육수와 함께 냄비에 넣어 중간 불에서 끓여 주세요.
6 한소끔 끓으면 표고버섯과 당근을 넣어 주세요.
7 아욱은 잘게 다진 후 데쳐 주세요.
8 데친 아욱을 넣고 약 불에서 농도를 조절해 가며 끓여 주세요.

소고기 · 우엉 · 배추죽

Beef & Burdock & Chinese Cabbage

INGREDIENT

흰죽 베이스 30g
소고기 20g
우엉 15g
배추 10g
당근 5g
소고기 육수 170ml

HOW TO MAKE

1 소고기는 찬물에 30분간 담가 핏물을 제거한 뒤 삶아 주세요.
2 삶은 소고기는 잘게 다져 주세요.
3 우엉은 껍질을 벗기고 적당한 크기로 잘라 삶은 후 믹서에 갈아 주세요.
4 당근은 껍질을 벗긴 후 잘게 다져 주세요.
5 소고기를 흰죽 베이스, 소고기 육수와 함께 냄비에 넣어 중간 불에서 끓여 주세요.
6 한소끔 끓으면 우엉과 당근을 넣어 주세요.
7 배추는 잘게 다진 후 데쳐 주세요.
8 데친 배추를 넣고 약 불에서 농도를 조절해 가며 끓여 수세요.

Tip 우엉은 잘게 잘라 소고기 육수를 넣어 물기가 없을 때까지 조려서 사용하면 좋아요.

소고기·
가지·
브로콜리죽

Beef & Eggplant & Broccoli

INGREDIENT

흰죽 베이스 30g
소고기 20g
가지 15g
브로콜리 10g
당근 5g
소고기 육수 170ml

HOW TO MAKE

1 소고기는 찬물에 30분간 담가 핏물을 제거한 뒤 삶아 주세요.
2 삶은 소고기는 잘게 다져 주세요.
3 가지는 잘게 다져 소금을 넣고 조물조물한 뒤 물에 씻어 주세요.
4 당근은 껍질을 벗긴 후 잘게 다져 주세요.
5 소고기를 흰죽 베이스, 소고기 육수와 함께 냄비에 넣어 중간 불에서 끓여 주세요.
6 한소끔 끓으면 가지와 당근을 넣어 주세요.
7 브로콜리는 잘게 다진 후 데쳐 주세요.
8 데친 브로콜리를 넣고 약 불에서 농도를 조절해 가며 끓여 주세요.

소고기 · 적채 · 브로콜리죽

Beef & Red Cabbage & Broccoli

INGREDIENT

흰죽 베이스 30g
소고기 20g
적채 10g
브로콜리 10g
당근 5g
소고기 육수 170ml

HOW TO MAKE

1 소고기는 찬물에 30분간 담가 핏물을 제거한 뒤 삶아 주세요.
2 삶은 소고기는 잘게 다져 주세요.
3 적채는 잘게 다진 후 데쳐 주세요.
4 당근은 껍질을 벗긴 후 잘게 다져 주세요.
5 소고기를 흰죽 베이스, 소고기 육수와 함께 냄비에 넣어 중간 불에서 끓여 주세요.
6 한소끔 끓으면 적채와 당근을 넣어 주세요.
7 브로콜리는 잘게 다진 후 데쳐 주세요.
8 데친 브로콜리를 넣고 약 불에서 농도를 조절해 가며 끓여 주세요.

소고기 · 단호박 · 미역죽

Beef & Sweet Pumpkin & Sea Mustard

INGREDIENT

흰죽 베이스 30g, 소고기 20g, 단호박 20g, 미역 10g, 당근 5g, 소고기 육수 170ml

HOW TO MAKE

1 소고기는 찬물에 30분간 담가 핏물을 제거한 뒤 삶아 주세요.
2 삶은 소고기는 잘게 다져 주세요.
3 단호박은 씨와 껍질을 제거한 후 잘게 다져 주세요.
4 당근은 껍질을 벗긴 후 잘게 다져 주세요.
5 소고기를 흰죽 베이스, 소고기 육수와 함께 냄비에 넣어 중간 불에서 끓여 주세요.
6 한소끔 끓으면 단호박과 당근을 넣어 주세요.
7 미역은 물에 불려 잘게 다진 후 데쳐 주세요.
8 데친 미역을 넣고 약 불에서 농도를 조절해 가며 끓여 주세요.

Tip 미역은 찬물에 30분간 불린 다음 주물러서 여러 번 헹군 후에 사용해 주세요. 많이 헹굴수록 비린 맛이 없어져요.

닭고기 · 옥수수 · 고구마죽

Chicken & Corn & Sweet Potato

INGREDIENT

흰죽 베이스 30g
닭고기 20g
옥수수 20g
고구마 20g
브로콜리 10g
당근 5g
닭고기 육수 170ml

HOW TO MAKE

1 깨끗이 씻은 닭고기를 모유(분유)에 20분간 재운 뒤 삶아 주세요.
2 삶은 닭고기는 잘게 다져 주세요.
3 옥수수는 충분히 익힌 후 믹서로 갈아 주세요.
4 고구마는 껍질을 벗긴 후 잘게 다져 주세요.
5 당근은 껍질을 벗긴 후 잘게 다져 주세요.
6 닭고기와 옥수수를 흰죽 베이스, 닭고기 육수와 함께 냄비에 넣어 중간 불에서 끓여 주세요.
7 한소끔 끓으면 고구마와 당근을 넣어 주세요.
8 브로콜리는 잘게 다진 후 데쳐 주세요.
9 데친 브로콜리를 넣고 약 불에서 농도를 조절해 가며 끓여 주세요.

닭고기 · 브로콜리 · 애호박죽

Chicken & Broccoli & Young Pumpkin

INGREDIENT

흰죽 베이스 30g, 닭고기 20g, 브로콜리 10g, 애호박 10g, 당근 5g,
닭고기 육수 170ml

HOW TO MAKE

1 깨끗이 씻은 닭고기를 모유(분유)에 20분간 재운 뒤 삶아 주세요.
2 삶은 닭고기는 잘게 다져 주세요.
3 애호박은 잘게 다져 주세요.
4 당근은 껍질을 벗긴 후 잘게 다져 주세요.
5 닭고기를 흰죽 베이스, 닭고기 육수와 함께 냄비에 넣어 중간 불에서 끓여 주세요.
6 한소끔 끓으면 애호박과 당근을 넣어 주세요.
7 브로콜리는 잘게 다진 후 데쳐 주세요.
8 데친 브로콜리를 넣고 약 불에서 농도를 조절해 가며 끓여 주세요.

닭고기 · 단호박 · 비타민죽

Chicken & Sweet Pumpkin & Vitamin

INGREDIENT

흰죽 베이스 30g
닭고기 20g
단호박 20g
비타민 15g
당근 5g
닭고기 육수 170ml

HOW TO MAKE

1 깨끗이 씻은 닭고기를 모유(분유)에 20분간 재운 뒤 삶아 주세요.
2 삶은 닭고기는 잘게 다져 주세요.
3 단호박은 씨와 껍질을 제거한 후 잘게 다져 주세요.
4 당근은 껍질을 벗긴 후 잘게 다져 주세요.
5 닭고기를 흰죽 베이스, 닭고기 육수와 함께 냄비에 넣어 중간 불에서 끓여 주세요.
6 한소끔 끓으면 단호박과 당근을 넣어 주세요.
7 비타민은 잘게 다진 후 데쳐 주세요.
8 데친 비타민을 넣고 약 불에서 농도를 조절해 가며 끓여 주세요.

닭고기 · 고구마 · 청경채죽

Chicken & Sweet Potato & Bokchoy

INGREDIENT

흰죽 베이스 30g
닭고기 20g
고구마 20g
청경채 15g
당근 5g
닭고기 육수 170ml

HOW TO MAKE

1 깨끗이 씻은 닭고기를 모유(분유)에 20분간 재운 뒤 삶아 주세요.
2 삶은 닭고기는 잘게 다져 주세요.
3 고구마는 껍질을 벗긴 후 잘게 다져 주세요.
4 당근은 껍질을 벗긴 후 잘게 다져 주세요.
5 닭고기를 흰죽 베이스, 닭고기 육수와 함께 냄비에 넣어 중간 불에서 끓여 주세요.
6 한소끔 끓으면 고구마와 당근을 넣어 주세요.
7 청경채는 잘게 다진 후 데쳐 주세요.
8 데친 청경채를 넣고 약 불에서 농도를 조절해 가며 끓여 주세요.

CUPS
SHARPENED TIP

닭고기 · 연근 · 브로콜리죽

Chicken & Lotus Root & Broccoli

INGREDIENT

흰죽 베이스 30g, 닭고기 20g, 연근 20g, 브로콜리 15g, 당근 5g,
닭고기 육수 170ml

HOW TO MAKE

1 깨끗이 씻은 닭고기를 모유(분유)에 20분간 재운 뒤 삶아 주세요.
2 삶은 닭고기는 잘게 다져 주세요.
3 연근은 껍질을 벗기고 적당한 크기로 잘라 삶은 후 믹서에 갈아 주세요.
4 당근은 껍질을 벗긴 후 잘게 다져 주세요.
5 닭고기를 흰죽 베이스, 닭고기 육수와 함께 냄비에 넣어 중간 불에서 끓여 주세요.
6 한소끔 끓으면 연근과 당근을 넣어 주세요.
7 브로콜리는 잘게 다진 후 데쳐 주세요.
8 데친 브로콜리를 넣고 약 불에서 농도를 조절해 가며 끓여 주세요.

닭고기 · 새송이버섯 · 비타민죽

Chicken & King Oyster Mushroom & Vitamin

INGREDIENT

흰죽 베이스 30g, 닭고기 20g, 새송이버섯 20g, 비타민 15g, 당근 5g,
닭고기 육수 170ml

HOW TO MAKE

1 깨끗이 씻은 닭고기를 모유(분유)에 20분간 재운 뒤 삶아 주세요.
2 삶은 닭고기는 잘게 다져 주세요.
3 새송이버섯은 잘게 다져 주세요.
4 당근은 껍질을 벗긴 후 잘게 다져 주세요.
5 닭고기를 흰죽 베이스, 닭고기 육수와 함께 냄비에 넣어 중간 불에서 끓여 주세요.
6 한소끔 끓으면 새송이버섯과 당근을 넣어 주세요.
7 비타민은 잘게 다진 후 데쳐 주세요.
8 데친 비타민을 넣고 약 불에서 농도를 조절해 가며 끓여 주세요.

대구살·미역죽

Cod & Sea Mustard

INGREDIENT

흰죽 베이스 30g
대구살 20g
미역 20g
소고기 육수 150ml

HOW TO MAKE

1 대구살은 가시를 제거한 후 살짝 데쳐 주세요.
2 데친 대구살은 한 김 식힌 후 잘게 다져 주세요.
3 대구살을 흰죽 베이스, 소고기 육수와 함께 냄비에 넣어 중간 불에서 끓여 주세요.
4 미역은 물에 불려 잘게 다진 후 데쳐 주세요.
5 데친 미역을 넣고 약 불에서 농도를 조절해 가며 끓여 주세요.

대구살 · 연두부 · 브로콜리죽

Cod & Silken Bean Curd & Broccoli

INGREDIENT

흰죽 베이스 30g
대구살 30g
연두부 20g
브로콜리 15g
당근 5g
소고기 육수 150ml

HOW TO MAKE

1 대구살은 가시를 제거한 후 살짝 데쳐 주세요.
2 데친 대구살은 한 김 식힌 후 잘게 다져 주세요.
3 연두부는 데친 후 입자가 일부 보일 만큼 으깨 주세요.
4 당근은 껍질을 벗긴 후 잘게 다져 주세요.
5 대구살을 흰죽 베이스, 소고기 육수와 함께 냄비에 넣어 중간 불에서 끓여 주세요.
6 한소끔 끓으면 당근을 넣어 주세요.
7 브로콜리는 잘게 다진 후 데쳐 주세요.
8 연두부와 데친 브로콜리를 넣고 약 불에서 농도를 조절해 가며 끓여 주세요.

Tip 생선이나 채소로만 만드는 죽에는 소고기 육수를 사용해 주세요.

대구살 · 치즈 · 브로콜리죽

Cod & Cheese & Broccoli

INGREDIENT

흰죽 베이스 30g, 대구살 20g, 아기치즈 5g(1/4장), 브로콜리 15g, 당근 5g, 소고기 육수 150ml

HOW TO MAKE

1 대구살은 가시를 제거한 후 살짝 데쳐 주세요.
2 데친 대구살은 한 김 식힌 후 잘게 다져 주세요.
3 당근은 껍질을 벗긴 후 잘게 다져 주세요.
4 대구살을 흰죽 베이스, 소고기 육수와 함께 냄비에 넣어 중간 불에서 끓여 주세요.
5 한소끔 끓으면 당근을 넣어 주세요.
6 브로콜리는 잘게 다진 후 데쳐 주세요.
7 데친 브로콜리와 치즈를 넣고 약 불에서 농도를 조절해 가며 끓여 주세요.

대구살·
옥수수·
청경채죽

Cod & Corn & Bokchoy

INGREDIENT

흰죽 베이스 30g, 대구살 20g, 옥수수 20g, 청경채 15g, 당근 5g, 소고기 육수 150ml

HOW TO MAKE

1 대구살은 가시를 제거한 후 살짝 데쳐 주세요.
2 데친 대구살은 한 김 식힌 후 잘게 다져 주세요.
3 옥수수는 충분히 익힌 후 믹서로 갈아 주세요.
4 당근은 껍질을 벗긴 후 잘게 다져 주세요.
5 대구살과 옥수수를 흰죽 베이스, 소고기 육수와 함께 냄비에 넣어 중간 불에서 끓여 주세요.
6 한소끔 끓으면 당근을 넣어 주세요.
7 청경채는 잘게 다진 후 데쳐 주세요.
8 데친 청경채를 넣고 약 불에서 농도를 조절해 가며 끓여 주세요.

검은콩·검은깨죽

Black Soy Bean & Black Sesame

INGREDIENT

흰죽 베이스 30g, 검은콩 10g, 검은깨 5g, 소고기 육수 160ml

HOW TO MAKE

1 검은콩은 삶은 후 찬물에 담가 껍질을 벗겨 주세요.
2 검은콩과 검은깨를 믹서에 넣어 갈아 주세요.
3 검은콩과 검은깨를 흰죽 베이스, 소고기 육수와 함께 냄비에 넣어 중간 불에서 끓여 주세요.
4 한소끔 끓인 후 약 불에서 농도를 조절해 가며 끓여 주세요.

Tip 검은콩은 조리하기 하루 전날 밤에 찬물에 미리 불려서 준비해 주세요.

퀴노아 · 렌틸콩죽

Quinoa & Lentils

INGREDIENT

흰죽 베이스 30g, 퀴노아 5g, 렌틸콩 5g, 소고기 육수 180ml

HOW TO MAKE

1 퀴노아는 찬물에 담가 불려 주세요.
2 렌틸콩은 삶은 후 찬물에 담가 껍질을 벗긴 다음 믹서에 갈아 주세요.
3 퀴노아, 렌틸콩을 흰죽 베이스, 소고기 육수와 함께 냄비에 넣어 중간 불에서 끓여 주세요.
4 한소끔 끓인 후 약 불에서 농도를 조절해 가며 끓여 주세요.

Tip 퀴노아와 렌틸콩은 조리하기 반나절 전에 찬물에 미리 불려서 준비해 주세요.

First Food

우리 아이 첫 이유식

본 책에 실린 이유식 레시피를 하나씩 만들어 먹어 가며 이유식 시간과 양, 알레르기 반응 등을 적어 보아요.

이유식명: 소고기·단호박·청경채죽

날짜/시간	섭취량	알레르기 반응	만족도

이유식명:

날짜/시간	섭취량	알레르기 반응	만족도

이유식명:

날짜/시간	섭취량	알레르기 반응	만족도

이유식명:

날짜/시간	섭취량	알레르기 반응	만족도

Mom's Recipe

우리 아이가 좋아하는 이유식 레시피

아이가 특히 잘 먹는 레시피 혹은 엄마만의 특급 레시피를 개발해 아이의 식사시간을 더욱 즐겁게 만들어 주세요.

• 재료 • 만드는 방법 • 주의사항	• 재료 • 만드는 방법 • 주의사항
• 재료 • 만드는 방법 • 주의사항	• 재료 • 만드는 방법 • 주의사항

Monthly Plan

한 달 식단 짜기

본 책에 실린 레시피를 참고하여 한달 분의 이유식 스케줄을 짜서 아이가 고르게 영양분을 섭취할 수 있도록 도와 주세요.

1주차	1일	2일	3일	4일	5일	6일	7일
2주차	8일	9일	10일	11일	12일	13일	14일
3주차	15일	16일	17일	18일	19일	20일	21일
4주차	22일	23일	24일	25일	26일	27일	28일
5주차	29일	30일					
쇼핑 리스트	1주차: 2주차: 3주차: 4주차: 5주차:						

Mom's Letter

아이에게 쓰는 편지

세상에서 단 하나뿐인 소중한 아이에게 전하고 싶은 이야기와
간직하고 싶은 추억을 사진과 함께 남겨 보아요.

Dear my ________

Four spoon

후기 이유식 3단계(생후 만 11~14개월): 무른밥

후기 이유식 3단계는 어른이 먹는 흰밥을 기준으로 조금 물기가 느껴지고 좀 더 부드러운 형태의 죽(6배죽에서 5배죽)을 먹이는 시기입니다. 아이의 치아 상태를 살피고, 무리없이 잘 넘기더라도 알갱이나 묽기 정도를 너무 되게 주지 않도록 주의하세요. 재료들이 고스란히 변으로 배출된다면 소화를 못 시키는 것이니 아이의 변을 꼭 확인해 주세요.

3단계부터는 잘 먹던 아이들도 돌 전후로 하여금 갑자기 이유식을 거부하기 시작할 수 있어요. 아이가 좋아하는 것과 싫어하는 것을 명확히 구분하게 되는 시기이기 때문이죠. 다양한 식재료를 활용하여 잘 먹지 못하는 재료도 먹을 수 있도록 도와 질 좋은 이유식을 먹일 수 있도록 해주세요. 살짝 단맛이 나는 이를테면 배, 양배추, 무, 단호박, 고구마 등 감칠맛을 내는 재료의 양을 조금 더 넣어 주거나 초록색의 상대적으로 맛이 덜하지만 꼭 먹여야 하는 재료들은 고기와 함께 넣어서 만들어 주면 좋답니다. 소량의 참기름을 넣거나 나트륨 함량이 낮은 아이용 간장을 살짝 넣어주어도 좋습니다.

[후기 이유식 3단계 추천 식단]

	1일	2일	3일	4일	5일	6일	7일
1주차	소고기 · 표고버섯 · 우엉 · 청경채무른밥 대구살 · 치즈 · 브로콜리무른밥	소고기 · 오트밀 · 가지무른밥 닭고기 · 아스파라거스 · 옥수수무른밥	소고기 · 모둠버섯무른밥 대구살 · 청경채 · 두부무른밥	소고기 · 단호박 · 파프리카 · 그린피스무른밥 닭고기 · 치즈 · 브로콜리 · 옥수수무른밥	소고기 · 비타민 · 표고버섯 · 두부무른밥 닭고기 · 고구마 · 청경채 · 새송이버섯무른밥	소고기 · 과일 · 시금치무른밥 닭고기 · 연근 · 브로콜리무른밥	닭고기 · 고구마 · 시금치무른밥 대구살 · 청경채 · 두부무른밥
	8일	**9일**	**10일**	**11일**	**12일**	**13일**	**14일**
2주차	소고기 · 단호박 · 파프리카 · 그린피스무른밥 닭고기 · 연근 · 브로콜리무른밥	소고기 · 표고버섯 · 우엉 · 청경채무른밥 연어 · 그린피스무른밥	소고기 · 과일 · 시금치무른밥 닭고기 · 치즈 · 브로콜리 · 옥수수무른밥	소고기 · 비타민 · 표고버섯 · 두부무른밥 닭고기 · 고구마 · 청경채 · 새송이버섯무른밥	닭고기 · 연근 · 브로콜리무른밥 대구살 · 청경채 · 두부무른밥	소고기 · 모둠버섯무른밥 닭고기 · 아스파라거스 · 옥수수무른밥	닭고기 · 단호박 · 청경채무른밥 소고기 · 표고버섯 · 우엉 · 청경채무른밥
	15일	**16일**	**17일**	**18일**	**19일**	**20일**	**21일**
3주차	닭고기 · 치즈 · 브로콜리 · 옥수수무른밥 해물영양무른밥	대구살 · 청경채 · 두부무른밥 소고기 · 비타민 · 표고버섯 · 두부무른밥	소고기 · 오트밀 · 가지무른밥 닭고기 · 연근 · 브로콜리무른밥	닭고기 · 고구마 · 시금치무른밥 연어 · 그린피스무른밥	소고기 · 모둠버섯무른밥 닭고기 · 표고버섯 · 배추 · 두부무른밥	대구살 · 치즈 · 브로콜리무른밥 닭고기 · 고구마 · 시금치무른밥	소고기 · 표고버섯 · 우엉 · 청경채무른밥 닭고기 · 치즈 · 브로콜리 · 옥수수무른밥
	22일	**23일**	**24일**	**25일**	**26일**	**27일**	**28일**
4주차	소고기 · 모둠버섯무른밥 해물영양무른밥	닭고기 · 단호박 · 청경채무른밥 소고기 · 과일 · 시금치무른밥	소고기 · 비타민 · 표고버섯 · 두부무른밥 대구살 · 치즈 · 브로콜리무른밥	닭고기 · 표고버섯 · 배추 · 두부무른밥 연어 · 그린피스무른밥	소고기 · 단호박 · 파프리카 · 그린피스무른밥 닭고기 · 아스파라거스 · 옥수수무른밥	닭고기 · 치즈 · 브로콜리 · 옥수수무른밥 대구살 · 청경채 · 두부무른밥	소고기 · 모둠버섯무른밥 해물영양무른밥
	29일	**30일**					
5주차	소고기 · 오트밀 · 가지무른밥 닭고기 · 연근 · 브로콜리무른밥	소고기 · 비타민 · 표고버섯 · 두부무른밥 대구살 · 치즈 · 브로콜리무른밥					

다양한 식재료를 활용해
질 좋은 이유식을
만들어 보아요

소고기 · 오트밀 · 가지무른밥

Beef & Oatmeal & Eggplant

INGREDIENT

무른밥 베이스 60g, 소고기 50g, 오트밀 20g, 가지 15g,
파프리카 15g, 당근 5g, 소고기 육수 120ml

HOW TO MAKE

1 소고기는 찬물에 30분간 담가 핏물을 제거한 뒤 삶아 주세요.
2 삶은 소고기는 잘게 다져 주세요.
3 오트밀은 충분히 익힌 후 믹서에 갈아 주세요.
4 가지는 잘게 다져 소금을 넣고 조물조물한 뒤 물에 씻어 주세요.
5 파프리카는 잘게 다져 주세요.
6 당근은 껍질을 벗긴 후 잘게 다져 주세요.
7 무른밥 베이스와 소고기 육수, 소고기, 오트밀, 가지, 파프리카, 당근을 냄비에 넣어 중간 불에서 한소끔 끓여 주세요.
8 약 불에서 농도를 조절해 가며 끓여 주세요.

Tip 무른밥 베이스는 흰죽 베이스를 기준으로 좀 더 밥알이 살아있는 진밥 형태를 말합니다. 아이의 치아, 소화 상태를 고려하여 물의 양과 끓이는 시간을 조절해서 만들어 주세요.

소고기·모둠버섯무른밥

Beef & Assorted Mushroom

INGREDIENT

무른밥 베이스 60g
소고기 50g
말린 표고버섯 10g
팽이버섯 10g
새송이버섯 10g
배추 20g
당근 5g
소고기 육수 120ml

HOW TO MAKE

1 소고기는 찬물에 30분간 담가 핏물을 제거한 뒤 삶아 주세요.
2 삶은 소고기는 잘게 다져 주세요.
3 말린 표고버섯은 흐르는 물에 씻은 후 1시간 정도 불려 주세요.
4 불린 표고버섯은 잘게 다진 후 육수를 넣고 조려 주세요.
5 팽이버섯은 잘게 다져 주세요.
6 새송이버섯은 잘게 다져 주세요.
7 배추는 데친 후 잘게 다져 주세요.
8 당근은 껍질을 벗긴 후 잘게 다져 주세요.
9 무른밥 베이스와 소고기 육수, 소고기, 표고버섯, 팽이버섯, 새송이버섯, 배추, 당근을 냄비에 넣어 중간 불에서 한소끔 끓여 주세요.
10 약 불에서 농도를 조절해 가며 끓여 주세요.

소고기·
표고버섯·
우엉·
청경채무른밥

Beef & Shiitake Mushroom & Burdock & Bokchoy

INGREDIENT

무른밥 베이스 60g, 소고기 50g, 말린 표고버섯 15g, 우엉 10g, 청경채 20g, 당근 5g, 소고기 육수 120ml

HOW TO MAKE

1 소고기는 찬물에 30분간 담가 핏물을 제거한 뒤 삶아 주세요.
2 삶은 소고기는 잘게 다져 주세요.
3 말린 표고버섯은 흐르는 물에 씻은 후 1시간 정도 불려 주세요.
4 불린 표고버섯은 잘게 다진 후 육수를 넣고 조려 주세요.
5 우엉은 껍질을 벗기고 적당한 크기로 잘라 삶은 후 믹서에 갈아 주세요.
6 청경채는 데친 후 잘게 다져 주세요.
7 당근은 껍질을 벗긴 후 잘게 다져 주세요.
8 무른밥 베이스와 소고기 육수, 소고기, 표고버섯, 우엉, 청경채, 당근을 냄비에 넣어 중간 불에서 한소끔 끓여 주세요.
9 약 불에서 농도를 조절해 가며 끓여 주세요.

소고기 · 단호박 · 파프리카 · 새송이버섯무른밥

Beef & Sweet Pumpkin & Paprika & King Oyster Mushroom

INGREDIENT

무른밥 베이스 60g
소고기 50g
단호박 15g
파프리카 10g
새송이버섯 10g
당근 5g
소고기 육수 120ml

HOW TO MAKE

1 소고기는 찬물에 30분간 담가 핏물을 제거한 뒤 삶아 주세요.
2 삶은 소고기는 잘게 다져 주세요.
3 단호박은 씨와 껍질을 제거한 후 잘게 다져 주세요.
4 파프리카는 잘게 다져 주세요.
5 새송이버섯은 잘게 다져 주세요.
6 당근은 껍질을 벗긴 후 잘게 다져 주세요.
7 무른밥 베이스와 소고기 육수, 소고기, 단호박, 파프리카, 새송이버섯, 당근을 냄비에 넣어 중간 불에서 한소끔 끓여 주세요.
8 약 불에서 농도를 조절해 가며 끓여 주세요.

소고기·콜리플라워·단호박·시금치무른밥

Beef & Cauliflower & Sweet Pumpkin & Spinach

INGREDIENT

무른밥 베이스 60g, 소고기 50g, 콜리플라워 20g, 단호박 10g, 시금치 20g, 당근 5g, 소고기 육수 120ml

HOW TO MAKE

1 소고기는 찬물에 30분간 담가 핏물을 제거한 뒤 삶아 주세요.
2 삶은 소고기는 잘게 다져 주세요.
3 콜리플라워는 데친 후 잘게 다져 주세요.
4 단호박은 씨와 껍질을 제거한 후 잘게 다져 주세요.
5 시금치는 데친 후 잘게 다져 주세요.
6 당근은 껍질을 벗긴 후 잘게 다져 주세요.
7 무른밥 베이스와 소고기 육수, 소고기, 콜리플라워, 단호박, 시금치, 당근을 냄비에 넣어 중간 불에서 한소끔 끓여 주세요.
8 약 불에서 농도를 조절해 가며 끓여 주세요.

소고기 · 아스파라거스 · 표고버섯무른밥

Beef & Asparagus & Shiitake Mushroom

INGREDIENT

무른밥 베이스 60g, 소고기 50g, 아스파라거스 20g,
말린 표고버섯 10g, 당근 5g, 소고기 육수 120ml

HOW TO MAKE

1 소고기는 찬물에 30분간 담가 핏물을 제거한 뒤 삶아 주세요.
2 삶은 소고기는 잘게 다져 주세요.
3 아스파라거스는 데친 후 잘게 다져 주세요.
4 말린 표고버섯은 흐르는 물에 씻은 후 1시간 정도 불려 주세요.
5 불린 표고버섯은 잘게 다진 후 육수를 넣고 조려 주세요.
6 당근은 껍질을 벗긴 후 잘게 다져 주세요.
7 무른밥 베이스와 소고기 육수, 소고기, 아스파라거스, 표고버섯, 당근을 냄비에 넣어 중간 불에서 한소끔 끓여 주세요.
8 약 불에서 농도를 조절해 가며 끓여 주세요.

소고기 · 단호박 · 파프리카 · 그린피스무른밥

Beef & Sweet Pumpkin & Paprika & Greenpeas

INGREDIENT

무른밥 베이스 60g
소고기 50g
단호박 20g
파프리카 15g
그린피스 10g
당근 5g
소고기 육수 120ml

HOW TO MAKE

1 소고기는 찬물에 30분간 담가 핏물을 제거한 뒤 삶아 주세요.
2 삶은 소고기는 잘게 다져 주세요.
3 단호박은 씨와 껍질을 제거한 후 잘게 다져 주세요.
4 파프리카는 잘게 다져 주세요.
5 그린피스는 데친 후 잘게 다져 주세요.
6 당근은 껍질을 벗긴 후 잘게 다져 주세요.
7 무른밥 베이스와 소고기 육수, 소고기, 단호박, 파프리카, 그린피스, 당근을 냄비에 넣어 중간 불에서 한소끔 끓여 주세요.
8 약 불에서 농도를 조절해 가며 끓여 주세요.

소고기·비타민·표고버섯·두부무른밥

Beef & Vitamin & Shiitake Mushroom & Bean Curd

INGREDIENT

무른밥 베이스 60g
소고기 50g
비타민 20g
말린 표고버섯 10g
두부 10g
당근 5g
소고기 육수 120ml

HOW TO MAKE

1 소고기는 찬물에 30분간 담가 핏물을 제거한 뒤 삶아 주세요.
2 삶은 소고기는 잘게 다져 주세요.
3 비타민은 데친 후 잘게 다져 주세요.
4 말린 표고버섯은 흐르는 물에 씻은 후 1시간 정도 불려 주세요.
5 불린 표고버섯은 잘게 다진 후 육수를 넣고 조려 주세요.
6 두부는 적당한 크기로 깍둑썰기하여 데쳐 주세요.
7 당근은 껍질을 벗긴 후 잘게 다져 주세요.
8 무른밥 베이스와 소고기 육수, 소고기, 비타민, 표고버섯, 두부, 당근을 냄비에 넣어 중간 불에서 한소끔 끓여 주세요.
9 약 불에서 농도를 조절해 가며 끓여 주세요.

소고기·과일·시금치무른밥

Beef & Fruit & Spinach

INGREDIENT

무른밥 베이스 60g, 소고기 50g, 배 10g, 파인애플 10g, 시금치 20g, 당근 5g, 소고기 육수 120ml

HOW TO MAKE

1 소고기는 찬물에 30분간 담가 핏물을 제거한 뒤 삶아 주세요.
2 삶은 소고기는 잘게 다져 주세요.
3 배는 껍질을 벗긴 후 잘게 다져 주세요.
4 파인애플은 껍질을 벗긴 후 잘게 다져 주세요.
5 시금치는 데친 후 잘게 다져 주세요.
6 당근은 껍질을 벗긴 후 잘게 다져 주세요.
7 무른밥 베이스와 소고기 육수, 소고기, 배, 파인애플, 시금치, 당근을 냄비에 넣어 중간 불에서 한소끔 끓여 주세요.
8 약 불에서 농도를 조절해 가며 끓여 주세요.

닭고기 · 아스파라거스 · 옥수수무른밥

Chicken & Asparagus & Corn

INGREDIENT

무른밥 베이스 60g
닭고기 50g
아스파라거스 20g
옥수수 20g
당근 5g
닭고기 육수 120ml

HOW TO MAKE

1 깨끗이 씻은 닭고기를 모유(분유)에 20분간 재운 뒤 삶아 주세요.
2 삶은 닭고기는 잘게 다져 주세요.
3 아스파라거스는 데친 후 잘게 다져 주세요.
4 옥수수는 충분히 익힌 후 믹서로 갈아 주세요.
5 당근은 껍질을 벗긴 후 잘게 다져 주세요.
6 무른밥 베이스와 닭고기 육수, 닭고기, 아스파라거스, 옥수수, 당근을 냄비에 넣어 중간 불에서 한소끔 끓여 주세요.
7 약 불에서 농도를 조절해 가며 끓여 주세요.

Tip 후기 이유식부터는 닭고기 손질에 분유(모유) 대신 우유를 사용해 주세요.

닭고기·치즈·브로콜리·옥수수무른밥

Chicken & Cheese & Broccoli & Corn

INGREDIENT

무른밥 베이스 60g, 닭고기 50g, 브로콜리 20g, 옥수수 20g, 아기치즈 1/4장, 당근 5g, 닭고기 육수 120ml

HOW TO MAKE

1 깨끗이 씻은 닭고기를 모유(분유)에 20분간 재운 뒤 삶아 주세요.
2 삶은 닭고기는 잘게 다져 주세요.
3 브로콜리는 데친 후 잘게 다져 주세요.
4 옥수수는 충분히 익힌 후 믹서로 갈아 주세요.
5 당근은 껍질을 벗긴 후 잘게 다져 주세요.
6 무른밥 베이스와 닭고기 육수, 닭고기, 브로콜리, 옥수수, 당근을 냄비에 넣어 중간 불에서 한소끔 끓여 주세요.
7 치즈를 넣고 약 불에서 농도를 조절해 가며 끓여 주세요.

닭고기·
고구마·
청경채·
새송이버섯무른밥

Chicken & Sweet Potato & Bokchoy & King Oyster Mushroom

INGREDIENT

무른밥 베이스 60g, 닭고기 50g, 고구마 20g, 청경채 10g, 새송이버섯 10g, 당근 5g, 닭고기 육수 120ml

HOW TO MAKE

1 깨끗이 씻은 닭고기를 모유(분유)에 20분간 재운 뒤 삶아 주세요.
2 삶은 닭고기는 잘게 다져 주세요.
3 고구마는 껍질을 벗긴 후 잘게 다져 주세요.
4 청경채는 데친 후 잘게 다져 주세요.
5 새송이버섯은 잘게 다져 주세요.
6 당근은 껍질을 벗긴 후 잘게 다져 주세요.
7 무른밥 베이스와 닭고기 육수, 닭고기, 고구마, 청경채, 새송이버섯, 당근을 냄비에 넣어 중간 불에서 한소끔 끓여 주세요.
8 약 불에서 농도를 조절해 가며 끓여 주세요.

닭고기 · 단호박 · 청경채무른밥

Chicken & Sweet Pumpkin & Bokchoy

INGREDIENT

무른밥 베이스 60g
닭고기 50g
단호박 20g
청경채 15g
당근 5g
닭고기 육수 120ml

HOW TO MAKE

1 깨끗이 씻은 닭고기를 모유(분유)에 20분간 재운 뒤 삶아 주세요.
2 삶은 닭고기는 잘게 다져 주세요.
3 단호박은 씨와 껍질을 제거한 후 잘게 다져 주세요.
4 청경채는 데친 후 잘게 다져 주세요.
5 당근은 껍질을 벗긴 후 잘게 다져 주세요.
6 무른밥 베이스와 닭고기 육수, 닭고기, 단호박, 청경채, 당근을 냄비에 넣어 중간 불에서 한소끔 끓여 주세요.
7 약 불에서 농도를 조절해 가며 끓여 주세요.

닭고기 · 연근 · 브로콜리무른밥

Chicken & & Lotus Root & Broccoli

INGREDIENT

무른밥 베이스 60g
닭고기 50g
연근 20g
브로콜리 20g
당근 5g
닭고기 육수 120ml

HOW TO MAKE

1 깨끗이 씻은 닭고기를 모유(분유)에 20분간 재운 뒤 삶아 주세요.
2 삶은 닭고기는 잘게 다져 주세요.
3 연근은 껍질을 벗기고 적당한 크기로 잘라 삶은 후 믹서에 갈아 주세요.
4 브로콜리는 데친 후 잘게 다져 주세요.
5 당근은 껍질을 벗긴 후 잘게 다져 주세요.
6 무른밥 베이스와 닭고기 육수, 닭고기, 연근, 브로콜리, 당근을 냄비에 넣어 중간 불에서 한소끔 끓여 주세요.
7 약 불에서 농도를 조절해 가며 끓여 주세요.

1½ TBSP / 22.5 ML
2 TSP / 10 ML

닭고기·
표고버섯·
배추·두부무른밥

Chicken &
Shiitake Mushroom &
Chinese Cabbage & Bean Curd

INGREDIENT

무른밥 베이스 60g, 닭고기 50g, 말린 표고버섯 10g, 배추 20g, 두부 10g, 당근 5g, 닭고기 육수 120ml

HOW TO MAKE

1 깨끗이 씻은 닭고기를 모유(분유)에 20분간 재운 뒤 삶아 주세요.
2 삶은 닭고기는 잘게 다져 주세요.
3 말린 표고버섯은 흐르는 물에 씻은 후 1시간 정도 불려 주세요.
4 불린 표고버섯은 잘게 다진 후 육수를 넣고 조려 주세요.
5 배추는 데친 후 잘게 다져 주세요.
6 두부는 적당한 크기로 깍둑썰기하여 데쳐 주세요.
7 당근은 껍질을 벗긴 후 잘게 다져 주세요.
8 무른밥 베이스와 닭고기 육수, 닭고기, 표고버섯, 배추, 두부, 당근을 냄비에 넣어 중간 불에서 한소끔 끓여 주세요.
9 약 불에서 농도를 조절해 가며 끓여 주세요.

닭고기 · 고구마 · 시금치무른밥

Chicken & Sweet Potato & Spinach

INGREDIENT

무른밥 베이스 60g, 닭고기 50g,
고구마 15g, 시금치 20g,
당근 5g, 닭고기 육수 120ml

HOW TO MAKE

1 깨끗이 씻은 닭고기를 모유(분유)에 20분간 재운 뒤 삶아 주세요.
2 삶은 닭고기는 잘게 다져 주세요.
3 고구마는 껍질을 벗긴 후 잘게 다져 주세요.
4 시금치는 데친 후 잘게 다져 주세요.
5 당근은 껍질을 벗긴 후 잘게 다져 주세요.
6 무른밥 베이스와 닭고기 육수, 닭고기, 고구마, 시금치, 당근을 냄비에 넣어 중간 불에서 한소끔 끓여 주세요.
7 약 불에서 농도를 조절해 가며 끓여 주세요.

해물영양무른밥

Seafood

INGREDIENT

무른밥 베이스 60g
오징어 10g
새우 10g
미역 10g
당근 5g
소고기 육수 120ml

HOW TO MAKE

1 오징어와 새우는 각각 믹서에 알맹이가 남지 않게 갈아준 후 데쳐 주세요.
2 미역은 물에 불려 데친 후 잘게 다져 주세요.
3 당근은 껍질을 벗긴 후 잘게 다져 주세요.
4 무른밥 베이스와 소고기 육수, 오징어, 새우를 냄비에 넣어 중간 불에서 끓여 주세요.
5 한소끔 끓으면 미역과 당근을 넣고 약 불에서 농도를 조절해 가며 끓여 주세요.

연어 · 그린피스무른밥

Salmon & Greenpeace

INGREDIENT

무른밥 베이스 60g
연어 30g
그린피스 20g
당근 5g
소고기 육수 120ml

HOW TO MAKE

1 연어는 모유(분유)에 30분간 재운 뒤 삶아 주세요.
2 삶은 연어는 잘게 다져 주세요.
3 그린피스는 데친 후 잘게 다져 주세요.
4 당근은 껍질을 벗긴 후 잘게 다져 주세요.
5 무른밥 베이스와 소고기 육수, 연어를 냄비에 넣어 중간 불에서 끓여 주세요.
6 한소끔 끓으면 그리핀스와 당근을 넣고 약 불에서 농도를 조절해 가며 끓여 주세요.

minolta

대구살 · 치즈 · 브로콜리무른밥

Cod & Cheese & Broccoli

INGREDIENT

무른밥 베이스 60g
대구살 30g
브로콜리 10g
당근 5g
아기치즈 1/4장
소고기 육수 120ml

HOW TO MAKE

1 대구살은 가시를 제거한 후 데쳐 주세요.
2 데친 대구살은 한 김 식힌 후 잘게 다져 주세요.
3 브로콜리는 데친 후 잘게 다져 주세요.
4 당근은 껍질을 벗긴 후 잘게 다져 주세요.
5 무른밥 베이스와 소고기 육수, 대구살, 브로콜리, 당근을 냄비에 넣어 중간 불에서 끓여 주세요.
6 한소끔 끓으면 치즈를 넣고 약 불에서 농도를 조절해 가며 끓여 주세요.

대구살·청경채·두부무른밥

Cod & Bokchoy & Bean Curd

INGREDIENT

무른밥 베이스 60g, 대구살 30g, 청경채 15g, 두부 10g, 당근 5g, 소고기 육수 120ml

HOW TO MAKE

1 대구살은 가시를 제거한 후 데쳐 주세요.
2 데친 대구살은 한 김 식힌 후 잘게 다져 주세요.
3 청경채는 데친 후 잘게 다져 주세요.
4 두부는 적당한 크기로 깍둑썰기하여 데쳐 주세요.
5 당근은 껍질을 벗긴 후 잘게 다져 주세요.
6 무른밥 베이스와 소고기 육수, 대구살을 냄비에 넣어 중간 불에서 끓여 주세요.
7 한소끔 끓으면 청경채, 두부, 당근을 넣고 약 불에서 농도를 조절해 가며 끓여 주세요.

First Food

우리 아이 첫 이유식

본 책에 실린 이유식 레시피를 하나씩 만들어 먹어 가며 이유식 시간과 양, 알레르기 반응 등을 적어 보아요.

이유식명: 소고기 · 오트밀 · 가지무른밥

날짜/시간	섭취량	알레르기 반응	만족도

이유식명:

날짜/시간	섭취량	알레르기 반응	만족도

이유식명:

날짜/시간	섭취량	알레르기 반응	만족도

이유식명:

날짜/시간	섭취량	알레르기 반응	만족도

Mom's Recipe

우리 아이가 좋아하는 이유식 레시피

아이가 특히 잘 먹는 레시피 혹은 엄마만의 특급 레시피를 개발해 아이의 식사시간을 더욱 즐겁게 만들어 주세요.

• 재료 • 만드는 방법 • 주의사항	• 재료 • 만드는 방법 • 주의사항
• 재료 • 만드는 방법 • 주의사항	• 재료 • 만드는 방법 • 주의사항

Monthly Plan

한 달 식단 짜기

본 책에 실린 레시피를 참고하여 한달 분의 이유식 스케줄을 짜서 아이가 고르게 영양분을 섭취할 수 있도록 도와 주세요.

1주차	1일	2일	3일	4일	5일	6일	7일
2주차	8일	9일	10일	11일	12일	13일	14일
3주차	15일	16일	17일	18일	19일	20일	21일
4주차	22일	23일	24일	25일	26일	27일	28일
5주차	29일	30일					
쇼핑 리스트	1주차: 2주차: 3주차: 4주차: 5주차:						

Mom's Letter

아이에게 쓰는 편지

세상에서 단 하나뿐인 소중한 아이에게 전하고 싶은 이야기와
간직하고 싶은 추억을 사진과 함께 남겨 보아요.

Dear my

Five spoon

간식(퓌레)

인기 만점 간식인 퓌레는 과일을 얇게 잘라 만들기 때문에 적은 양을 쓰게 되면 쉽게 탈 위험이 있어 조리 시에 양을 넉넉하게 넣어 만드는 게 좋습니다. 먹이고 남은 퓌레는 소분하여 냉동 보관하고, 다시 꺼내서 먹일 때에는 한 번 더 갈아서 끓여 주세요. 간식용 조리도구를 별도로 사용하도록 하세요.

제철 과일로
건강하고 달콤한
퓌레를 만들어요

사과퓌레

Apple

INGREDIENT

사과 1개, 한천가루, 찹쌀가루, 물

HOW TO MAKE

1 사과는 껍질을 벗긴 후 최대한 얇게 잘라 주세요.
2 자른 사과를 냄비에 넣고 약 불에서 익혀 주세요.
과일이 익으면서 물기가 생기니 최대한 물을 넣지 않도록 주의해 주세요.
3 사과가 말랑말랑해지고 색깔이 조금 짙어지면서 익으면 불을 꺼주세요.
4 익은 사과를 먹일 양만큼 믹서에 넣어 갈아 주세요.
5 간 사과를 냄비에 넣고 한 번 더 살짝 끓여 주세요.
이때 물기가 없으면 물을, 반대로 묽으면 찹쌀가루나 한천가루를 소량 넣어 주세요.
6 끓인 사과는 식힌 후 냉장 보관하여 시원하게 먹여 주세요.

Tip

1 퓌레는 최대한 물을 넣지 않고 묽지 않게 만들어 내는 것이 중요해요.
과일의 수분 함량에 따라 필요할 때만 물을 사용해 주세요.
2 조리 시 사과 2개 이상을 3번 상태까지 만들어 준 후, 소분해서 얼렸다가 먹이기 전에 그다음 과정을 거치는 것을 추천해요.
3 한천가루는 우뭇가사리를 갈아 놓은 가루로 동물성인 젤라틴 대신 말랑말랑하게 굳히는 역할을 하는 천연재료입니다.
소량을 사용해 주세요.

배퓌레

Pear

INGREDIENT

배 1개, 한천가루, 찹쌀가루, 물

HOW TO MAKE

1 배는 껍질을 벗긴 후 최대한 얇게 잘라 주세요.
2 자른 배를 냄비에 넣고 약 불에서 익혀 주세요.
3 배가 말랑말랑해지고 색깔이 조금 짙어지면서 익으면 불을 꺼주세요.
4 익은 배를 먹일 양만큼 믹서에 넣어 갈아 주세요.
5 간 배를 냄비에 넣고 한 번 더 살짝 끓여 주세요. 이때 물기가 없으면 물을, 반대로 묽으면 찹쌀가루나 한천가루를 소량 넣어 주세요.
6 끓인 배는 식힌 후 냉장 보관하여 시원하게 먹여 주세요.

Tip 퓌레는 여름철에 시원하게 얼려 셔벗 형태로 먹이는 것도 좋아요.

블루베리퓌레

Blueberry

INGREDIENT

블루베리 500g, 한천가루, 찹쌀가루, 물

HOW TO MAKE

1 블루베리는 흐르는 물에 씻어 주세요.
2 씻은 블루베리를 냄비에 넣고 약 불에서 익혀 주세요.
3 블루베리가 말랑말랑해지고 색깔이 짙어지면서 익으면 불을 꺼주세요.
4 익은 블루베리를 먹일 양만큼 믹서에 넣어 갈아 주세요.
5 간 블루베리는 체에 걸러 냄비에 담아 한 번 더 살짝 끓여 주세요. 이때 물기가 없으면 물을, 반대로 묽으면 찹쌀가루나 한천가루를 소량 넣어 주세요.
6 끓인 블루베리는 식힌 후 냉장 보관하여 시원하게 먹여 주세요.

Tip 재료에 따라 블루베리와 같이 씨와 껍질이 있는 과일의 경우 체에 한 번 걸러내 주세요.

바나나퓌레

●

Banana

INGREDIENT

바나나 1개, 한천가루, 찹쌀가루, 물

HOW TO MAKE

1 바나나는 최대한 얇게 잘라 주세요.
2 자른 바나나를 냄비에 넣고 약 불에서 익혀 주세요.
3 바나나가 말랑말랑해지고 색깔이 조금 짙어지면서 익으면 불을 꺼주세요.
4 익은 바나나를 먹일 양만큼 믹서에 넣어 갈아 주세요.
5 간 바나나를 냄비에 넣고 한 번 더 살짝 끓여 주세요. 이때 물기가 없으면 물을, 반대로 묽으면 찹쌀가루나 한천가루를 소량 넣어 주세요.
6 끓인 바나나는 식힌 후 냉장 보관하여 시원하게 먹여 주세요.

바나나 · 아보카도퓌레

Banana & Avocado

INGREDIENT

바나나, 아보카도(7:3), 한천가루, 찹쌀가루, 물

HOW TO MAKE

1 바나나는 최대한 얇게 잘라 주세요.
2 아보카도는 씨와 껍질을 제거한 후 최대한 얇게 잘라 주세요.
3 자른 바나나와 아보카도를 냄비에 넣고 약 불에서 익혀 주세요.
4 바나나와 아보카도가 말랑말랑해지고 색깔이 조금 짙어지면서 익으면 불을 꺼주세요.
5 익은 바나나와 아보카도를 먹일 양만큼 믹서에 넣어 갈아 주세요.
6 간 바나나와 아보카도를 냄비에 넣고 한 번 더 살짝 끓여 주세요. 이때 물기가 없으면 물을, 반대로 묽으면 찹쌀가루나 한천가루를 소량 넣어 주세요.
7 끓인 바나나와 아보카도는 식힌 후 냉장 보관하여 시원하게 먹여 주세요.

사과·시금치퓌레

Apple & Spinach

INGREDIENT

사과 1/2개
시금치 20g
한천가루
찹쌀가루
물

HOW TO MAKE

1 사과는 껍질을 벗긴 후 최대한 얇게 잘라 주세요.
2 시금치는 데쳐서 갈아 주세요.
3 자른 사과를 냄비에 넣고 약 불에서 익혀 주세요.
4 사과가 말랑말랑해지고 색깔이 조금 짙어지면서 익으면 불을 꺼주세요.
5 익은 사과와 데친 시금치를 먹일 양만큼 믹서에 넣어 갈아 주세요.
6 간 사과와 시금치를 냄비에 넣고 한 번 더 살짝 끓여 주세요. 이때 물기가 없으면 물을, 반대로 묽으면 찹쌀가루나 한천가루를 소량 넣어 주세요.
7 식힌 후 냉장 보관하여 시원하게 먹여 주세요.

고구마·치즈퓌레

Sweet Potato & Cheese

INGREDIENT

고구마 1개
치즈 1/4장
한천가루
찹쌀가루
물

HOW TO MAKE

1 고구마는 껍질을 벗긴 후 최대한 얇게 잘라 주세요.
2 자른 고구마를 소량의 물과 함께 냄비에 넣고 약 불에서 익혀 주세요.
3 고구마가 말랑말랑해지고 색깔이 조금 짙어지면서 익으면 불을 꺼주세요.
4 익은 고구마를 먹일 양만큼 믹서에 넣어 갈아 주세요.
5 간 고구마를 냄비에 넣고 한 번 더 살짝 끓여 주세요. 이때 물기가 없으면 물을, 반대로 묽으면 찹쌀가루나 한천가루를 소량 넣어 주세요.
6 치즈를 넣어 살짝 섞어 주세요.
7 식힌 후 냉장 보관하여 시원하게 먹여 주세요.

First Food

우리 아이 첫 이유식

본 책에 실린 이유식 레시피를 하나씩 만들어 먹어 가며 이유식 시간과 양, 알레르기 반응 등을 적어 보아요.

이유식명: 사과퓌레

날짜/시간	섭취량	알레르기 반응	만족도

이유식명:

날짜/시간	섭취량	알레르기 반응	만족도

이유식명:

날짜/시간	섭취량	알레르기 반응	만족도

이유식명:

날짜/시간	섭취량	알레르기 반응	만족도

Mom's Recipe

우리 아이가 좋아하는 이유식 레시피

아이가 특히 잘 먹는 레시피 혹은 엄마만의 특급 레시피를 개발해 아이의 식사시간을 더욱 즐겁게 만들어 주세요.

• 재료 • 만드는 방법 • 주의사항	• 재료 • 만드는 방법 • 주의사항
• 재료 • 만드는 방법 • 주의사항	• 재료 • 만드는 방법 • 주의사항

Mom's Letter

아이에게 쓰는 편지

세상에서 단 하나뿐인 소중한 아이에게 전하고 싶은 이야기와
간직하고 싶은 추억을 사진과 함께 남겨 보아요.

추억의 사진을 붙여주세요.

Dear my

이유식을 마무리하며 아이의 발달 사항을 체크해 보고
이후의 식사를 자연스럽게 시작해 보아요.

키

몸무게

접종 상태

피부 상태

배변 상태

낮잠 시간

좋아하는 재료

싫어하는 재료

시도해볼 재료

기타 사항

My
first
Spoon

Epilogue

첫 번째 만남……

아기가 배 속에 같이한다는 사실을 안 순간부터 우리는 저절로 부모가 되었습니다. 그 첫날부터 배 속에 아기와 함께 시작되었던 모든 생각과 준비들, 실수투성이였던 서툴렀던 저의 20대의 육아 과정들. 이 책을 쓰는 과정은 지금 저와 같이하는 세 아이와 또 감사히 그 경험들을 통해서 어머니와 같이 시작된 이유식 회사까지, 20여 년간의 소중한 순간들이 생각나는 시간이었습니다. 너무나도 서툴렀고 실수투성이였던 20대의 엄마였던 제가 어머니의 레시피로 세 아이를 건강하게 키워내고, 이제는 많은 아이의 식탁까지 책임을 지게 되었네요. 이 하나하나의 레시피는 저에게 소중한 추억이고 시간이었습니다.

그 시간의 추억들이, 노력들이 모여서 책이 되고 기록이 되었기를 바라며…… 단순히 이유식에 대한 팁을 드리는 것이 아닌, 이 책을 통해 저자인 저와 어머님, 아버님 그리고 아기의 추억이 남겨질 수 있는 그런 시간이 되었으면 합니다. 첫 스푼을 들어 아이에게 세상의 첫맛을 전하던 그 떨리는 순간을 기억하며…….

My First Spoon
나의 첫 이유식

초판 인쇄 | 2019년 3월 22일
초판 발행 | 2019년 4월 10일

저자 | 정유미
발행인 | 김태웅
편집장 | 강석기
마케팅총괄 | 나재승
제작 | 현대순
기획 편집 | 권민서, 백혜림
디자인 | all design group
사진 | 이석민
의학감수 | 김원찬, 왕승원

발행처 | (주)동양북스
등 록 | 제 2014-000055호(2014년 2월 7일)
주 소 | 서울시 마포구 동교로22길 12 (04030)
구입문의 | 전화 (02)337-1737 팩스 (02)334-6624
내용문의 | 전화 (02)337-1762 dybooks2@gmail.com

ISBN 979-11-5768-500-4 13590

- 도서출판 동양북스에서는 소중한 원고, 새로운 기획을 기다리고 있습니다.
  http://www.dongyangbooks.com

My First Spoon
[나의 첫 이유식]
특별 핸드북
동양북스

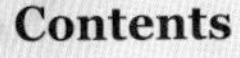

Contents

엄마가 즐거운 이유식

아이가 잘 먹는 이유식

삐뽀삐뽀 119 이유식

엄마가 즐거운 이유식

재료별 이유식 찾아보기

본 책에 실린 이유식을 단계에 따라 재료별로 정리해 놓았어요. 아이가 좋아하는 재료에 맞춰 혹은 필요에 따라 쉽게 찾아서 만들어 보세요.

초기 이유식 1단계

초기 이유식 1.5단계

중기 이유식 2단계

후기 이유식 3단계

이유식 한번에 따라하기(영상)

이유식을 한번에 손쉽게 따라 할 수 있게 동영상으로 제작했어요. 각 이유식의 QR코드를 스캔하여 확인해 주세요.

쌀미음

Rice

INGREDIENT

쌀가루 12g, 물 200ml

HOW TO MAKE

1 준비한 물을 냄비에 넣어 주세요.
2 쌀가루를 체에 곱게 쳐서 냄비에 담아 주세요.
3 중간 불에서 눌어붙지 않도록 저어 가며 한소끔 끓여 주세요.
4 약 불에서 농도를 조절하며 걸쭉하고 투명해질 때까지 끓여 주세요.

단호박미음

Sweet Pumpkin

INGREDIENT

쌀가루 12g, 찹쌀가루 3g, 단호박 10g, 물 200ml

HOW TO MAKE

1 단호박은 씨와 껍질을 제거한 후 얇게 썰어 삶아 주세요.
2 쌀가루와 찹쌀가루를 8:2 비율로 섞어 체에 곱게 쳐서 물과 함께 섞어 주세요.
3 삶은 단호박을 물에 섞은 쌀가루와 찹쌀가루와 함께 믹서에 넣어 갈아 주세요.
4 간 단호박을 체에 걸러 냄비에 담아 주세요.
5 중간 불에서 눌어붙지 않도록 저어 가며 한소끔 끓여 주세요.
6 약 불에서 농도를 조절하며 걸쭉하고 투명해질 때까지 끓여 주세요.

소고기미음

Beef

INGREDIENT

쌀가루 12g, 찹쌀가루 3g, 소고기 8g, 물 200ml

HOW TO MAKE

1 소고기는 찬물에 30분간 담가 핏물을 제거한 뒤 삶아 주세요.
2 삶은 소고기는 잘게 썰어 주세요.
3 쌀가루와 찹쌀가루를 8:2 비율로 섞어 체에 곱게 쳐서 물과 함께 섞어 주세요.
4 잘게 썬 소고기를 물에 섞은 쌀가루와 찹쌀가루와 함께 믹서에 넣어 갈아 주세요.
5 중간 불에서 눌어붙지 않도록 저어 가며 한소끔 끓여 주세요.
6 약 불에서 농도를 조절하며 걸쭉해질 때까지 끓여 주세요.

소고기 · 애호박 · 콜리플라워죽

Beef & Young Pumpkin & Cauliflower

INGREDIENT

흰죽 베이스 25g, 소고기 10g, 애호박 15g,
콜리플라워 15g, 당근 5g, 소고기 육수 150ml

HOW TO MAKE

1 소고기는 찬물에 30분간 담가 핏물을 제거한 뒤 삶아 주세요.
2 삶은 소고기는 잘게 썬 후 믹서로 갈아 주세요.
3 애호박은 얇게 썰어 삶은 후 믹서로 갈아 주세요.
4 콜리플라워는 적당한 크기로 자르고 데친 후 믹서로 갈아 주세요.
5 당근은 껍질을 벗기고 얇게 썬 후 믹서로 갈아 주세요.
6 손질한 재료들을 흰죽 베이스, 소고기 육수와 함께 믹서에 넣어 갈아 주세요.
7 냄비에 담아 중간 불에서 눌어붙지 않도록 저어 가며 한소끔 끓여 주세요.
8 약 불에서 농도를 조절하며 걸쭉해질 때까지 끓여 주세요.

소고기 · 단호박 · 청경채죽

Beef & Sweet Pumpkin & Bokchoy

INGREDIENT

흰죽 베이스 30g, 소고기 20g, 단호박 10g,
청경채 10g, 당근 5g, 소고기 육수 170ml

HOW TO MAKE

1 소고기는 찬물에 30분간 담가 핏물을 제거한 뒤 삶아 주세요.
2 삶은 소고기는 잘게 다져 주세요.
3 단호박은 씨와 껍질을 제거한 후 잘게 다져 주세요.
4 당근은 껍질을 벗긴 후 잘게 다져 주세요.
5 소고기를 흰죽 베이스, 소고기 육수와 함께 냄비에 넣어 중간 불에서 끓여 주세요.
6 한소끔 끓으면 단호박과 당근을 넣어 주세요.
7 청경채는 잘게 다진 후 데쳐 주세요.
8 데친 청경채를 넣고 약 불에서 농도를 조절해 가며 끓여 주세요.

소고기 · 우엉 · 배추죽

Beef & Burdock & Chinese Cabbage

INGREDIENT

흰죽 베이스 30g, 소고기 20g, 우엉 15g,
배추 10g, 당근 5g, 소고기 육수 170ml

HOW TO MAKE

1 소고기는 찬물에 30분간 담가 핏물을 제거한 뒤 삶아 주세요.
2 삶은 소고기는 잘게 다져 주세요.
3 우엉은 껍질을 벗기고 적당한 크기로 잘라 삶은 후 믹서에 갈아 주세요.
4 당근은 껍질을 벗긴 후 잘게 다져 주세요.
5 소고기를 흰죽 베이스, 소고기 육수와 함께 냄비에 넣어 중간 불에서 끓여 주세요.
6 한소끔 끓으면 우엉과 당근을 넣어 주세요.
7 배추는 잘게 다진 후 데쳐 주세요.
8 데친 배추를 넣고 약 불에서 농도를 조절해 가며 끓여 주세요.

닭고기·아스파라거스·옥수수무른밥

Chicken & Asparagus & Corn

INGREDIENT

무른밥 베이스 60g, 닭고기 50g, 아스파라거스 20g, 옥수수 20g, 당근 5g, 닭고기 육수 120ml

HOW TO MAKE

1 깨끗이 씻은 닭고기를 모유(분유)에 20분간 재운 뒤 삶아 주세요.
2 삶은 닭고기는 잘게 다져 주세요.
3 아스파라거스는 데친 후 잘게 다져 주세요.
4 옥수수는 충분히 익힌 후 믹서로 갈아 주세요.
5 당근은 껍질을 벗긴 후 잘게 다져 주세요.
6 무른밥 베이스와 닭고기 육수, 닭고기, 아스파라거스, 옥수수, 당근을 냄비에 넣어 중간 불에서 한소끔 끓여 주세요.
7 약 불에서 농도를 조절해 가며 끓여 주세요.

블루베리퓌레

Blueberry

INGREDIENT

블루베리 500g, 한천가루, 찹쌀가루, 물

HOW TO MAKE

1 블루베리는 흐르는 물에 씻어 주세요.
2 씻은 블루베리를 냄비에 넣고 약 불에서 익혀 주세요.
3 블루베리가 말랑말랑해지고 색깔이 짙어지면서 익으면 불을 꺼주세요.
4 익은 블루베리를 먹일 양만큼 믹서에 넣어 갈아 주세요.
5 간 블루베리는 체에 걸러 냄비에 담아 한 번 더 살짝 끓여 주세요. 이때 물기가 없으면 물을, 반대로 묽으면 찹쌀가루나 한천가루를 소량 넣어 주세요.
6 끓인 블루베리는 식힌 후 냉장 보관하여 시원하게 먹여 주세요.

이유식 좀 더 쉽게 만들기

큐브 이유식

재료를 큐브로 만들어 놓으면 매번 계량하지 않아도 되며, 며칠간 다양한 식단으로 이유식을 준비할 수 있어요(본 책에서도 큐브 보관법을 제안하고 있어요). 큐브는 조리 시 물에 담가 해동해 주세요. 실온에서 해동하면 세균 번식의 위험이 있으니 냉장 해동을 해야 해요. 얼린 큐브는 2주일 안에 사용하는 게 좋아요.

채소 큐브 만들기 | 채소를 다듬어 큐브에 각각 나눠 담고 물을 약간 부어 얼려 주세요. 너무 가득 채우지 않도록 하세요.

고기 큐브 만들기 | 고기는 손질 후 다진 다음 큐브로 만들어 주세요. 다진 고기를 구입했을 경우엔 그대로 큐브로 만들면 된답니다.

오쿠 이유식

오쿠 이유식은 조리 시간이 다소 길지만, 물을 많이 쓰지 않고 설거짓거리가 많지 않다는 게 아주 큰 장점입니다. 식재료의 수분 함유 정도에 따라 물의 양을 조절해 주세요.

오쿠 이유식 만들기

1. 글라스락을 하나 넣어 주세요. 2. 그 위에 한 개를 교차하여 포개어 주세요.

3. 내솥 아래 물을 채우고 약죽 또는 보양법 기능에서 1시간 30분을 설정해 주세요.

4. 완료 후 잘 저어 주세요.

압력솥 이유식

압력솥 이유식은 쉽고 빠르다는 장점이 있어요. 단, 초기 단계에는 양이 적어 바닥이 탈 염려가 있으니 중기부터 사용하는 걸 권해요. 이유식이 되게 되었다면 물을 좀 더 넣어 끓여주고, 질게 되었다면 그대로 더 끓여 수분을 날려주면 간편하답니다.

푸드 프로세서 이유식

중후기 단계에서 편하게 이유식을 만들고 싶다면 푸드 프로세서 방법을 추천해요. 직접 손질했을 때보다 재료가 균일하지 못하다는 게 단점이지만, 아이가 거북해하지 않는다면 바쁜 일상에서 이보다 유용한 방법은 없답니다.

이유식 만드는 노하우 알아보기(Q&A)

Q. 적량을 맞추어야 하나요?

A. 초기나 중기 단계에서는 적량을 맞추어 식습관 형성에 도움이 되게 하는 게 좋지만, 후기 단계에서는 딱 맞추지 않아도 된답니다. 제시된 양은 말 그대로 하나의 예시일 뿐입니다. 아이의 양과 성장에 맞추어 조절해 주세요.

Q. 재료 손질법이 너무 다양해요

A. 들어가는 재료가 많아질수록 또 아이에게 좋은 걸 먹이고 싶은 맘에 재료 선택이나 손질에 많은 고민을 하게 되죠. 집마다 요리 맛과 조리법이 다르듯이 이유식도 마찬가지예요. 책에 제시된 사항은 참고하되 아이의 선호도, 씹는 습관, 소화 상태 등에 따라서 달리하면 된답니다. 예를 들어 당근을 썰어서 넣었는데 씹는 걸 어려워한다면 다져 넣는 게 좋겠지요.

Q. 농도 조절이 어려워요

A. 늘 똑같은 상태의 이유식을 만들기란 힘들죠. 어떤 날은 되게, 어넌 날은 질세 될 때가 있어요. 질지 않게 만들기 위해서는 조리 과정에서 좀 더 주의를 기울여야 해요. 육수의 양을 조절하거나 채소를 먼저 익힌 후 밥을 넣는 등의 방식이 있어요. 반대로 되게 만들어졌을 때는 물을 조금 섞어주면 된답니다.

Q. 재료는 구입한 후 언제까지 사용해야 하나요?

A. 당연히 오래된 식재료는 싱싱한 식재료보다 좋지 않겠지요. 남을 식재료에 너무 신경 쓰지 않아도 된답니다. 어른용 음식 조리에 사용하면 걱정 없어요. 식재료는 구입 후 빠른 시일 내에 소진하되 조리 후 남은 것은 한 달 이상 냉동하거나 일주일 이상 냉장 보관하지 않도록 하세요.

Q. 이유식 조리 시간을 단축시키는 방법이 있을까요?

A. 초기 단계에서는 재료를 미리 갈거나 다져두면 편리하답니다. 조리할 이유식의 재료(쌀, 채소, 고기, 육수 등)를 모두 밀폐 용기에 넣어두는 방법도 있어요. 전날 사용할 재료를 미리 손질해 두는 게 포인트라고 할 수 있죠. 번거롭게 여겨질 수 있지만 그만큼 효율적인 조리가 가능하답니다.

아이가 잘 먹는 이유식

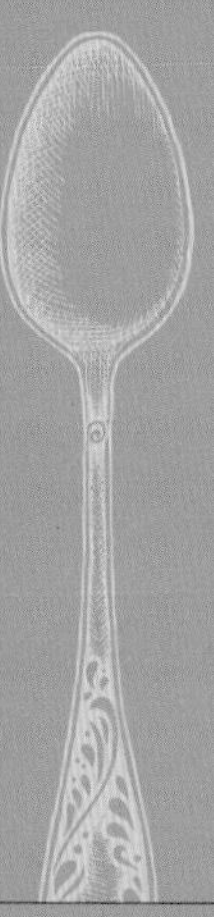

단계별 이유식 유의사항

초기 이유식 1단계

- 쌀이 베이스가 되는 미음의 형태로 부드럽게 줄줄 흘러내리지 않을 정도의 물기(10배죽)가 좋아요.
- 한 달에서 두 달 정도 먹이고, 미음 하나당 첫날은 알레르기 반응을 살피고 이틀씩 2주에서 길게는 3주 정도 먹여 주세요.
- 재료가 바뀌는 때에는 한꺼번에 많이 먹이지 말고 몇 숟가락씩 먹이면서 반응을 살피며 양을 차차 늘려주세요.
- 알레르기는 같은 재료라도 아이의 몸 상태에 따라서 반응이 달라지므로, 한 번 알레르기 반응을 보인 재료이더라도 간격을 주어 다시 시도해 보는 것도 좋아요.
- 3주째쯤에는 소고기미음을 시작해도 좋아요. 소화를 돕는 양배추, 배, 무 등을 섞어서 이틀 정도 먹인 후 하루는 2가지 채소나 과일을 넣어 만든 미음, 그다음 이틀은 고기와 채소 또는 과일을 넣어 만든 미음을 번갈아 주세요.

초기 이유식 1.5단계

- 부드러운 입자의 미음에서 쌀과 채소, 고기 등을 살짝 씹을 수 있을 만큼의 알갱이 형태(8배죽)로 만들어 주세요.
- 아이마다 치아와 소화 상태가 다르니 씹을 수 있거나 소화하기에 거부감이 없도록 재료의 크기와 단계를 조율해 주세요.
- 하루에 두 번씩, 2주에서 한 달 정도 먹여 주고, 이때 재료는 두 가지 이상으로 고기와 채소, 과일을 섞어 주도록 하며 매일 고기를 섭취할 수 있게 해주세요.

중기 이유식 2단계

- 이로 으깨어 쉽게 씹어서 삼킬 수 있는 죽 형태(7배죽에서 6배죽)로 만들어 주세요.
- 조금씩 분유나 모유의 양을 줄여가며 서서히 두 끼에서 세 끼로 이유식 양을 늘려주세요.
- 아이의 치아와 소화 상태에 따라 재료의 크기와 묽기는 조금씩 차이가 있을 수 있으니 상황에 따라 맞춰주세요.

후기 이유식 3단계

- 어른이 먹는 흰밥을 기준으로 조금 물기가 느껴지고 좀 더 부드러운 형태의 죽(6배죽에서 5배죽)으로 만들어 주세요.
- 아이의 치아 상태를 살피고 무리 없이 잘 넘기더라도 알갱이나 묽기 정도를 너무 되게 주지 않도록 하며, 재료들이 고스란히 변으로 배출된다면 소화를 못 시키는 것이니 아이의 변을 꼭 확인해 주세요.
- 돌 전후로 이유식을 거부하기 시작할 수 있어 다양한 식재료와 조리법을 활용하여 질 좋은 이유식을 먹일 수 있도록 해주세요. 살짝 단맛을 내는 재료의 양을 조금 더 넣거나 상대적으로 맛이 덜한 초록색의 재료를 고기와 함께 넣어주면 좋아요. 소량의 참기름을 넣거나 나트륨 함량이 낮은 아이용 간장을 살짝 넣어주어도 좋습니다.

단계별 이유식 식단 짜기

이유식을 철저한 식단을 짜서 진행할 필요는 전혀 없답니다. 책 또는 시중에서 제시해 놓은 식단은 참고로 하되, 반드시 따를 필요는 없어요. 하지만 식단을 만들면 나름의 장점이 있답니다. 어떤 점이 좋을까요?

이유식 식단의 장점

• 현명한 장보기를 할 수 있어요

이유식에 들어가는 재료 양은 아주 적어 한 번 장을 봤을 때 최대한 쓰도록 해야 해요. 따라서 식단을 짤 때는 해당 재료들을 3일 혹은 4일간 배치하는 게 좋답니다.

• 재료 첨가를 한눈에 확인할 수 있어요

할 일이 많은 엄마가 이유식을 손수 만들기란 여간 힘든 게 아니에요. 정신없는 와중에 무얼 넣고 만들었는지 헷갈릴 때가 많죠. 이럴 때 식단은 많은 도움이 된답니다.

• 재료의 중복 사용을 막을 수 있어요

아이에게 맞지 않는 재료, 또는 연속으로 많이 먹인 음식 등을 알 수 있어 실수를 줄여 준답니다.

매일 먹여야 하는 이유식을 식단을 짜서 체크하고 그대로 실천하기란 제법 피곤하고 힘든 일이에요. 얼마 못 가 지쳐버리는 경우가 많죠. 꼭 표가 아니어도 좋아요. 책 혹은 수첩, 달력 등에 오늘은 무엇을 먹였는지, 어떤 반응을 보였는지, 내일은 무얼 먹여 볼지 등 간단한 메모 정도만 해두어도 많은 도움이 된답니다.

[초기 이유식 1단계 추천 식단]

1주차	1일	2일	3일
	쌀미음	쌀미음	쌀미음
2주차	8일	9일	10일
	양배추미음	양배추미음	단호박미음
3주차	15일	16일	17일
	브로콜리미음	고구마미음	고구마미음
4주차	22일	23일	24일
	소고기미음	소고기 · 무미음	브로콜리 · 고구마미음
5주차	29일	30일	
	소고기 · 배미음	소고기 · 브로콜리미음	

4일	5일	6일	7일
찹쌀미음	찹쌀미음	감자미음	감자미음
11일	**12일**	**13일**	**14일**
단호박미음	청경채미음	청경채미음	브로콜리미음
18일	**19일**	**20일**	**21일**
흑미미음	흑미미음	애호박미음	애호박미음
25일	**26일**	**27일**	**28일**
소고기 · 감자미음	소고기 · 콜리플라워미음	닭고기미음	닭고기 · 고구마미음

[초기] 이유식 1.5 단계 추천 식단

	1일	2일	3일
1주차	소고기 · 브로콜리 · 감자죽	소고기 · 브로콜리 · 감자죽	닭고기 · 고구마 · 청경채죽
	8일	9일	10일
2주차	닭고기 · 양배추 · 비타민죽	소고기 · 콜리플라워 · 단호박죽	소고기 · 콜리플라워 · 단호박죽
	15일	16일	17일
3주차	닭고기 · 브로콜리 · 감자죽	닭고기 · 브로콜리 · 감자죽	소고기 · 배추 · 표고버섯죽
	22일	23일	24일
4주차	닭고기 · 고구마 · 청경채죽	소고기 · 애호박 · 콜리플라워죽	소고기 · 애호박 · 콜리플라워죽
	29일	30일	
5주차	닭고기 · 양배추 · 비타민죽	닭고기 · 양배추 · 비타민죽	

4일	5일	6일	7일
닭고기 · 고구마 · 청경채죽	소고기 · 애호박 · 콜리플라워죽	소고기 · 애호박 · 콜리플라워죽	닭고기 · 양배추 · 비타민죽
11일	**12일**	**13일**	**14일**
닭고기 · 감자 · 애호박죽	닭고기 · 감자 · 애호박죽	소고기 · 양배추 · 애호박죽	소고기 · 양배추 · 애호박죽
18일	**19일**	**20일**	**21일**
소고기 · 배추 · 표고버섯죽	소고기 · 브로콜리 · 감자죽	소고기 · 브로콜리 · 감자죽	닭고기 · 고구마 · 청경채죽
25일	**26일**	**27일**	**28일**
닭고기 · 브로콜리 · 감자죽	닭고기 · 브로콜리 · 감자죽	소고기 · 배추 · 표고버섯죽	소고기 · 배추 · 표고버섯죽

[중기 이유식 2단계 추천 식단]

	1일	2일	3일
1주차	소고기 · 적채 · 브로콜리죽	소고기 · 단호박 · 청경채죽	닭고기 · 고구마 · 청경채죽
	8일	9일	10일
2주차	닭고기 · 옥수수 · 고구마죽	소고기 · 단호박 · 브로콜리죽	검은콩 · 검은깨죽
	15일	16일	17일
3주차	닭고기 · 연근 · 브로콜리죽	소고기 · 배추 · 표고버섯죽	대구살 · 치즈 · 브로콜리죽
	22일	23일	24일
4주차	소고기 · 배추 · 표고버섯죽	소고기 · 가지 · 브로콜리죽	닭고기 · 단호박 · 비타민죽
	29일	30일	
5주차	닭고기 · 연근 · 브로콜리죽	소고기 · 단호박 · 청경채죽	

4일	5일	6일	7일
대구살 · 연두부 · 브로콜리죽	소고기 · 우엉 · 배추죽	닭고기 · 새송이버섯 · 비타민죽	소고기 · 가지 · 브로콜리죽
11일	**12일**	**13일**	**14일**
닭고기 · 브로콜리 · 애호박죽	소고기 · 단호박 · 미역죽	대구살 · 옥수수 · 청경채죽	소고기 · 애호박 · 표고버섯죽
18일	**19일**	**20일**	**21일**
소고기 · 단호박 · 청경채죽	소고기 · 연근 · 브로콜리죽	닭고기 · 새송이버섯 · 비타민죽	퀴노아 · 렌틸콩죽
25일	**26일**	**27일**	**28일**
소고기 · 단호박 · 미역죽	대구살 · 치즈 · 브로콜리죽	소고기 · 우엉 · 배추죽	소고기 · 애호박 · 표고버섯죽

[후기 이유식 3단계 추천 식단]

	1일	2일	3일
1주차	소고기 · 표고버섯 · 우엉 · 청경채무른밥 대구살 · 치즈 · 브로콜리무른밥	소고기 · 오트밀 · 가지무른밥 닭고기 · 아스파라거스 · 옥수수무른밥	소고기 · 모둠버섯무른밥 대구살 · 청경채 · 두부무른밥
	8일	9일	10일
2주차	소고기 · 단호박 · 파프리카 · 그린피스무른밥 닭고기 · 연근 · 브로콜리무른밥	소고기 · 표고버섯 · 우엉 · 청경채무른밥 연어 · 그린피스무른밥	소고기 · 과일 · 시금치무른밥 닭고기 · 치즈 · 브로콜리 · 옥수수무른밥
	15일	16일	17일
3주차	닭고기 · 치즈 · 브로콜리 · 옥수수무른밥 해물영양무른밥	대구살 · 청경채 · 두부무른밥 소고기 · 비타민 · 표고버섯 · 두부무른밥	소고기 · 오트밀 · 가지무른밥 닭고기 · 연근 · 브로콜리무른밥
	22일	23일	24일
4주차	소고기 · 모둠버섯무른밥 해물영양무른밥	닭고기 · 단호박 · 청경채무른밥 소고기 · 과일 · 시금치무른밥	소고기 · 비타민 · 표고버섯 · 두부무른밥 대구살 · 치즈 · 브로콜리무른밥
	29일	30일	
5주차	소고기 · 오트밀 · 가지무른밥 닭고기 · 연근 · 브로콜리무른밥	소고기 · 비타민 · 표고버섯 · 두부무른밥 대구살 · 치즈 · 브로콜리무른밥	

4일	5일	6일	7일
소고기 · 단호박 · 파프리카 · 그린피스무른밥 닭고기 · 치즈 · 브로콜리 · 옥수수무른밥	소고기 · 비타민 · 표고버섯 · 두부무른밥 닭고기 · 고구마 · 청경채 · 새송이버섯무른밥	소고기 · 과일 · 시금치무른밥 닭고기 · 연근 · 브로콜리무른밥	닭고기 · 고구마 · 시금치무른밥 대구살 · 청경채 · 두부무른밥
11일	**12일**	**13일**	**14일**
소고기 · 비타민 · 표고버섯 · 두부무른밥 닭고기 · 고구마 · 청경채 · 새송이버섯무른밥	닭고기 · 연근 · 브로콜리무른밥 대구살 · 청경채 · 두부무른밥	소고기 · 모둠버섯무른밥 닭고기 · 아스파라거스 · 옥수수무른밥	닭고기 · 단호박 · 청경채무른밥 소고기 · 표고버섯 · 우엉 · 청경채무른밥
18일	**19일**	**20일**	**21일**
닭고기 · 고구마 · 시금치무른밥 연어 · 그린피스무른밥	소고기 · 모둠버섯무른밥 닭고기 · 표고버섯 · 배추 · 두부무른밥	대구살 · 치즈 · 브로콜리무른밥 닭고기 · 고구마 · 시금치무른밥	소고기 · 표고버섯 · 우엉 · 청경채무른밥 닭고기 · 치즈 · 브로콜리 · 옥수수무른밥
25일	**26일**	**27일**	**28일**
닭고기 · 표고버섯 · 배추 · 두부무른밥 연어 · 그린피스무른밥	소고기 · 단호박 · 파프리카 · 그린피스무른밥 닭고기 · 아스파라거스 · 옥수수무른밥	닭고기 · 치즈 · 브로콜리 · 옥수수무른밥 대구살 · 청경채 · 두부무른밥	소고기 · 모둠버섯무른밥 해물영양무른밥

제철 재료 활용하기

제철 재료로 맛도 영양도 풍부한 이유식을 만들 수 있어요. 아이가 잘 먹는 재료, 거부 반응을 보이는 재료 등을 고려하여 영양 가득한 이유식을 먹이도록 해요.

	채소	해산물	과일
1월	브로콜리, 연근, 우엉, 콩나물, 숙주, 시금치, 고구마, 당근, 무	갈치, 명태, 고등어, 동태, 광어, 가자미, 삼치, 새우, 낙지, 대구, 김, 물미역, 홍합, 굴, 병어	딸기
2월	냉이, 달래, 당근, 미나리, 쑥, 무, 봄동, 시금치, 양파, 우엉, 콩나물, 브로콜리	명태, 고등어, 광어, 가자미, 삼치, 새우, 낙지, 대구, 김, 물미역, 홍합, 굴, 전복, 파래, 병어	딸기
3월	마늘종, 브로콜리, 봄동, 열무, 우엉, 냉이, 더덕, 토마토	조기, 가자미, 주꾸미, 도미, 꼬막, 모시조개, 물미역, 바지락, 톳, 피조개, 꽃게, 굴, 병어	딸기
4월	고사리, 상추, 봄동, 아스파라거스, 양상추, 양파, 완두콩, 양배추, 토마토	도미, 전복, 꽃게, 조기	참외

	채소	해산물	과일
5월	고구마순, 미나리, 상추, 아욱, 양파, 봄동, 완두, 죽순, 양배추, 오이, 애호박	고등어, 꽃게, 멸치, 오징어, 참치, 꽁치, 병어, 전복	딸기, 앵두, 자두, 참외, 수박
6월	감자, 근대, 부추, 셀러리, 시금치, 양배추, 양파, 오이, 애호박, 토마토, 아욱, 옥수수	병어, 전갱이, 오징어, 전복, 참조기, 광어	살구, 참외, 자두, 복숭아, 포도, 수박
7월	가지, 감자, 아욱, 양파, 브로콜리, 애호박, 양상추, 근대, 오이, 피망, 옥수수, 콩	갑오징어, 농어, 장어, 오징어, 광어, 갈치	딸기, 산딸기, 멜론, 복숭아, 수박, 아보카도, 자두, 참외, 포도
8월	가지, 감자, 아욱, 강낭콩, 고구마순, 브로콜리, 양배추, 오이, 옥수수, 근대, 애호박, 양파, 콩, 고구마, 도라지	갈치, 오징어, 전복	멜론, 복숭아, 수박, 포도

	채소	해산물	과일
9월	감자, 고구마, 느타리버섯, 아욱, 오이, 도라지, 당근, 시금치, 토마토	갈치, 꽃게, 새우, 오징어, 참조기, 전어, 연어, 장어, 광어, 굴	대추, 포도, 무화과, 호두
10월	고구마, 느타리버섯, 당근, 무, 송이버섯, 양송이버섯, 팥, 도라지, 시금치	꽃게, 갈치, 삼치, 가자미, 굴, 고등어, 꽁치, 낙지, 대하, 대합, 병어, 홍합, 연어, 장어, 광어	대추, 모과, 밤, 사과, 석류, 오미자, 유자, 은행, 잣
11월	당근, 무, 배추, 시금치, 연근, 우엉, 콩나물, 숙주	갈치, 삼치, 고등어, 대구, 명태, 새우, 대합, 문어, 병어, 연어, 오징어, 참치, 굴, 광어	감, 귤, 대추, 모과, 배, 사과, 오미자, 유자, 키위
12월	무, 배추, 브로콜리, 연근, 콜리플라워, 당근, 시금치, 콩나물, 숙주	갈치, 삼치, 고등어, 대구, 명태, 가자미, 문어, 굴, 광어, 대하, 병어, 동태, 낙지, 김, 생미역	딸기, 귤, 바나나, 대추

음료 알아보기

• 물

물은 6개월까지는 딱히 필요하지 않아요. 모유(분유)로 충분히 수분을 섭취하게 되지요. 이유식을 시작하게 되면 아이의 식습관에 따라 조금씩 물을 주면 된답니다. 너무 많이 주는 것은 삼가고, 가급적 컵에 따라 먹여서 먹는 연습을 시키는 것이 좋아요. 이때 물은 꼭 끓여서 먹이세요.

• 보리차

보리차 역시 수분이므로 많이 주지 않도록 하세요. 배가 불러 모유나 분유 등을 안 먹으려 할 수도 있답니다. 어떻게 보면 이유식의 식단 중 하나라고 할 수도 있지요.

• 주스

주스는 되도록 6개월 이후에 주도록 하세요. 수시로 주기보다 간식과 함께 주는 것이 좋아요. 너무 많이 주게 되면 아이가 단맛에 길들어져 밥을 멀리할 수도 있답니다. 컵으로 먹이도록 하며, 시중에 판매되는 제품이 아닌 과일을 직접 갈아서 주는 게 좋아요.

• 생우유

돌 전에는 생우유를 먹이지 않도록 하세요. 생우유는 소화 흡수가 어려워 신장 기능이 아직 미숙한 아이에게는 무리가 되어 탈이 날 수도 있어요. 되도록 돌 이후에 먹이는 것을 권장하며, 양 또한 500ml 미만으로 제한을 두는 것이 좋답니다.

• 두유

두유는 아무래도 직접 만들기가 번거로워 시중 제품을 먹이게 되는데 시판되는 것은 달고 맛있어 아이의 식습관을 방해한답니다. 달고 맛있으니 좋아할 수밖에 없고 큰 영양가 없이 배를 부르게 하지요. 더욱이 두유의 주성분인 콩에는 아이의 성장에 필요한 무기질 흡수를 방해하는 피트산이 들어 있어 많은 양을 먹이는 건 좋지 않답니다.

삐뽀삐뽀 119 이유식

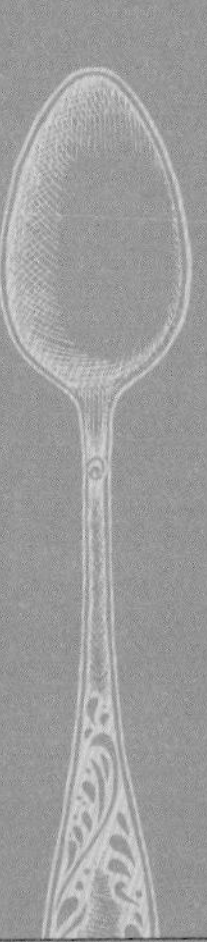

상황별 추천 이유식

감기에 걸렸어요

감기에 걸리면 목 넘김이 어려워지므로 먹기 부드럽게 입자를 조절해 주어 수분을 보충할 만한 이유식으로 준비해 주세요. 아이가 잘 먹는 재료를 수분감 있게 만들어 주는 것도 좋아요. 소고기 등을 꼭 먹여 단백질을 반드시 보충해 주세요.

【초기】 소고기·배미음

배는 기침과 가래를 멈추게 하는 데 효과가 있어요.

INGREDIENT

쌀가루 16g
찹쌀가루 4g
소고기 8g
배 10g
물 200ml

HOW TO MAKE

1 소고기는 찬물에 30분간 담가 핏물을 제거한 뒤 삶아 주세요.
2 삶은 소고기는 잘게 썰어 주세요.
3 배는 껍질을 벗긴 후 얇게 썰어 주세요.
4 쌀가루와 찹쌀가루를 8:2 비율로 섞어 체에 곱게 쳐서 물과 함께 섞어 주세요.
5 소고기와 배를 물에 섞은 쌀가루와 찹쌀가루와 함께 믹서에 넣어 갈아 주세요.
6 믹서에 간 재료들을 체에 걸러 냄비에 담아 주세요.
7 중간 불에서 눌어붙지 않도록 저어 가며 한소끔 끓여 주세요.
8 약 불에서 농도를 조절하며 걸쭉해질 때까지 끓여 주세요.

【중기】 닭고기 · 단호박 · 비타민죽

다채라고도 불리는 비타민은 수분이 풍부한 채소예요.

INGREDIENT

흰죽 베이스 30g
닭고기 20g
단호박 20g
비타민 15g
당근 5g
닭고기 육수 170ml

HOW TO MAKE

1 깨끗이 씻은 닭고기를 모유(분유)에 20분간 재운 뒤 삶아 주세요.
2 삶은 닭고기는 잘게 다져 주세요.
3 단호박은 씨와 껍질을 제거한 후 잘게 다져 주세요.
4 당근은 껍질을 벗긴 후 잘게 다져 주세요.
5 닭고기를 흰죽 베이스, 닭고기 육수와 함께 냄비에 넣어 중간 불에서 끓여 주세요.
6 한소끔 끓으면 단호박과 당근을 넣어 주세요.
7 비타민은 잘게 다진 후 데쳐 주세요.
8 데친 비타민을 넣고 약 불에서 농도를 조절해 가며 끓여 주세요.

【후기】 닭고기·연근·브로콜리무른밥

연근은 비타민 A와 C가 많아 면역력을 높이는 데 좋답니다.

INGREDIENT

무른밥 베이스 60g
닭고기 50g
연근 20g
브로콜리 20g
당근 5g
닭고기 육수 120ml

HOW TO MAKE

1 깨끗이 씻은 닭고기를 모유(분유)에 20분간 재운 뒤 삶아 주세요.
2 삶은 닭고기는 잘게 다져 주세요.
3 연근은 껍질을 벗기고 적당한 크기로 잘라 삶은 후 믹서에 갈아 주세요.
4 브로콜리는 데친 후 잘게 다져 주세요.
5 당근은 껍질을 벗긴 후 잘게 다져 주세요.
6 무른밥 베이스와 닭고기 육수, 닭고기, 연근, 브로콜리, 당근을 냄비에 넣어 중간 불에서 한소끔 끓여 주세요.
7 약 불에서 농도를 조절해 가며 끓여 주세요.

변 비 가 심 해 요

변비 증상을 보인다면 섬유소가 풍부한 식재료를 사용하여 장운동을 도와야 해요. 뿌리채소와 잡곡, 그리고 과일의 솔비톨 성분도 변비에 도움이 된답니다.

변비에 좋은 음식
- 섬유소가 많은 음식: 고구마, 단호박, 양배추, 양상추 등
- 솔비톨 성분이 든 과일: 바나나, 배, 복숭아, 사과
- 수분이 많은 주스류

【초기】 브로콜리·고구마미음

고구마는 섬유소가 많아 변비 예방에 탁월한 효과가 있는 대표 재료예요.
고구마는 중간 부분을 이용하는 게 좋아요.

INGREDIENT

쌀가루 16g
찹쌀가루 4g
브로콜리 8g
고구마 8g
물 200ml

HOW TO MAKE

1 브로콜리는 적당한 크기로 자른 후 데쳐 주세요.
2 고구마는 껍질을 벗긴 후 얇게 썰어 삶아 주세요.
3 쌀가루와 찹쌀가루를 8:2 비율로 섞어 체에 곱게 쳐서 물과 함께 섞어 주세요.
4 브로콜리와 고구마를 물에 섞은 쌀가루와 찹쌀가루와 함께 믹서에 넣어 갈아 주세요.
5 믹서에 간 재료들을 체에 걸러 냄비에 담아 주세요.
6 중간 불에서 눌어붙지 않도록 저어 가며 한소끔 끓여 주세요.
7 약 불에서 농도를 조절하며 걸쭉하고 투명해질 때까지 끓여 주세요.

【중기】 닭고기·옥수수·고구마죽

옥수수는 변비와 이뇨 작용에 효과적입니다. 이외에도 귀리, 콩, 현미, 율무 등의 통곡식도 변비에 좋답니다.

INGREDIENT

흰죽 베이스 30g
닭고기 20g
옥수수 20g
고구마 20g
브로콜리 10g
당근 5g
닭고기 육수 170ml

HOW TO MAKE

1 깨끗이 씻은 닭고기를 모유(분유)에 20분간 재운 뒤 삶아 주세요.
2 삶은 닭고기는 잘게 다져 주세요.
3 옥수수는 충분히 익힌 후 믹서로 갈아 주세요.
4 고구마는 껍질을 벗긴 후 잘게 다져 주세요.
5 당근은 껍질을 벗긴 후 잘게 다져 주세요.
6 닭고기와 옥수수를 흰죽 베이스, 닭고기 육수와 함께 냄비에 넣어 중간 불에서 끓여 주세요.
7 한소끔 끓으면 고구마와 당근을 넣어 주세요.
8 브로콜리는 잘게 다진 후 데쳐 주세요.
9 데친 브로콜리를 넣고 약 불에서 농도를 조절해 가며 끓여 주세요.

【후기】 소고기·과일·시금치무른밥

잘 익은 바나나와 배 등의 과일에는 섬유소가 풍부해 쾌변을 도운답니다.
과일은 스무디나 주스로 만들어 먹여도 좋아요.

INGREDIENT

무른밥 베이스 60g
소고기 50g
배 10g
파인애플 10g
시금치 20g
당근 5g
소고기 육수 120ml

HOW TO MAKE

1 소고기는 찬물에 30분간 담가 핏물을 제거한 뒤 삶아 주세요.
2 삶은 소고기는 잘게 다져 주세요.
3 배는 껍질을 벗긴 후 잘게 다져 주세요.
4 파인애플은 껍질을 벗긴 후 잘게 다져 주세요.
5 시금치는 데친 후 잘게 다져 주세요.
6 당근은 껍질을 벗긴 후 잘게 다져 주세요.
7 무른밥 베이스와 소고기 육수, 소고기, 배, 파인애플, 시금치, 당근을 냄비에 넣어 중간 불에서 한소끔 끓여 주세요.
8 약 불에서 농도를 조절해 가며 끓여 주세요.

설 사 를 해 요

설사를 하면 이유식을 먹이지 않는 경우가 있는데 가급적 수분과 영양소를 섭취하게 해 기운을 회복하도록 돕는 게 좋아요. 수분이 많고 단백질이 풍부한 식재료를 넣어 만들어 보세요. 감과 밤도 설사를 멈추게 하는 대표적인 식재료에 속해요.

설사에 피해야 할 음식 과일과 같은 단 음식, 기름기가 많은 음식, 찬 음식

【초기】 닭고기·고구마미음

고구마는 변비 해소는 물론 설사를 멎게 하는 데도 효과적이에요.
아이의 장을 튼튼하게 해 변비도 설사도 없도록 예방해 주세요.

INGREDIENT

쌀가루 16g
찹쌀가루 4g
닭고기 8g
고구마 10g
물 200ml

HOW TO MAKE

1 깨끗이 씻은 닭고기를 모유(분유)에 20분 정도 재운 뒤 삶아 주세요.
2 삶은 닭고기는 잘게 썰어 주세요.
3 고구마는 껍질을 벗긴 후 얇게 썰어 삶아 주세요.
4 쌀가루와 찹쌀가루를 8:2 비율로 섞어 체에 곱게 쳐서 물과 함께 섞어 주세요.
5 닭고기와 고구마를 물에 섞은 쌀가루와 찹쌀가루와 함께 믹서에 넣어 갈아 주세요.
6 믹서에 간 재료들을 체에 걸러 냄비에 담아 주세요.
7 중간 불에서 눌어붙지 않도록 저어 가며 한소끔 끓여 주세요.
8 약 불에서 농도를 조절하며 걸쭉해질 때까지 끓여 주세요.

【중기】 대구살·연두부·브로콜리죽

부드러운 대구살과 연두부는 소화에 무리가 가지 않고 단백질 보충에도 좋아 아이의 변 상태를 좋게 만들어 준답니다.

INGREDIENT

흰죽 베이스 30g
대구살 30g
연두부 20g
브로콜리 15g
당근 5g
소고기 육수 150ml

HOW TO MAKE

1. 대구살은 가시를 제거한 후 살짝 데쳐 주세요.
2. 데친 대구살은 한 김 식힌 후 잘게 다져 주세요.
3. 연두부는 데친 후 입자가 일부 보일 만큼 으깨 주세요.
4. 당근은 껍질을 벗긴 후 잘게 다져 주세요.
5. 대구살을 흰죽 베이스, 소고기 육수와 함께 냄비에 넣어 중간 불에서 끓여 주세요.
6. 한소끔 끓으면 당근을 넣어 주세요.
7. 브로콜리는 잘게 다진 후 데쳐 주세요.
8. 연두부와 데친 브로콜리를 넣고 약 불에서 농도를 조절해 가며 끓여 주세요.

【후기】 닭고기 · 고구마 · 시금치무른밥

고구마와 함께 수분이 많은 식재료를 사용하면 장에 무리가 가지 않아 설사 예방에 좋아요.

INGREDIENT

무른밥 베이스 60g
닭고기 50g
고구마 15g
시금치 20g
당근 5g
닭고기 육수 120ml

HOW TO MAKE

1 깨끗이 씻은 닭고기를 모유(분유)에 20분간 재운 뒤 삶아 주세요.
2 삶은 닭고기는 잘게 다져 주세요.
3 고구마는 껍질을 벗긴 후 잘게 다져 주세요.
4 시금치는 데친 후 잘게 다져 주세요.
5 당근은 껍질을 벗긴 후 잘게 다져 주세요.
6 무른밥 베이스와 닭고기 육수, 닭고기, 고구마, 시금치, 당근을 냄비에 넣어 중간 불에서 한소끔 끓여 주세요.
7 약 불에서 농도를 조절해 가며 끓여 주세요.

이유식 응급 상황

알레르기 주의하기

3~4일 간격을 두고 새로운 재료를 첨가할 때마다 각 재료에 대한 알레르기 반응을 살펴봐야 해요. 특이 체질이 아닌 이상 너무 긴장하지 말고 차근히 먹이면 된답니다. 이유식 중 특히 주의해야 할 음식은 다음과 같아요.

알레르기에 주의해야 할 음식들 분유, 우유, 생선(참치, 대구살, 연어 등), 달걀, 갑각류, 콩류, 견과류, 밀

흡인 주의하기

흔히 '사레가 들렸다'라고 말하죠. 흡인 상황을 가리켜요. 이물질이 폐로 들어가 생기는 것으로 폐렴뿐 아니라 기도를 막아 위험해질 수 있으니 주의가 필요해요.

- 서 있거나 돌아다니는 아이, 차를 타고 가는 도중에는 아이에게 먹을 것을 되도록 주지 않도록 해요.
- 이물질이 입안에 들어가지 않도록 주의 깊게 살펴주세요.
- 흡입을 잘 일으킬 수 있는 밤, 빵, 떡, 견과류 등 딱딱한 식재료를 먹일 시에는 주의가 필요해요.

흡인 응급조치 흡인 여부 판단하기 → 응급신고 → 응급처치(하임리히법) → 병원 치료

건강한 양치법

이가 나지 않아도 이유식을 시작하면 입안 청소를 해주는 것이 좋아요. 성인의 양치법이 아닌 잇몸을 닦아주는 수준이라 생각하면 된답니다. 이유식을 먹인 뒤에 잘 소독하고 삶은 가제 수건을 미지근한 물에 묻힌 후, 입안 곳곳 잇몸을 부드럽게 마사지하듯 닦아내 주세요. 구강 티슈 사용은 권하지 않아요.

치약 사용 불소가 함유된 치약은 2세 이후부터 사용을 추천하는데, 최근에는 유치가 나기 시작하면서부터 사용하기를 추천하고 있어요. 양치 중 아이가 삼킬 수 있는 불소 함량이 문제가 될 만큼 위험하지 않으며 되레 우식증 예방을 염려하여 사용을 권하고 있답니다.

이유식 십계명

1. 이유식은 아이가 원할 때 시작하세요.

2. 책에 맞추지 말고 아이에게 맞추어 먹이세요.

3. 안전한 재료를 사용해 이상 반응에 주의하세요.

4. 이유식은 주식(=모유 또는 분유)이 아닌 부식입니다.

5. 엄마가 직접 만들어 먹이는 게 가장 좋아요.

6. 아이의 영양을 위해 메모를 하면서 식단을 기록해 주세요.

7. 돌 이전에는 되도록 간을 하지 마세요.

8. 조리도구는 이유식용으로 따로 준비하세요.

9. 정해진 자리에서 먹여 식사 예절을 잡아 주세요.

10. 아이의 컨디션에 맞게 규칙적으로 먹이세요.

동양북스